高等学校应用型特色教材
上海理工大学一流本科系列教材

# 临床医学检验仪器分析新技术

主　编　严荣国　王　成
主　审　唐立萍
副主编　张　珏
编　委　（按姓氏拼音排序）
　　　　葛　斌　唐立萍　王　成
　　　　严荣国　张　珏　赵　展
　　　　郑　刚

科　学　出　版　社
北　京

# 内 容 简 介

本书从 PCR 分析技术、化学发光免疫分析技术、无创诊断分析技术、POCT 分析技术、流式细胞分析新技术、临床检验仪器的质量控制 6 方面，对最新发展起来的临床检验分析技术做了较为系统而详尽的介绍。这些检验新知识、新方法和新技术，有助于从事检验分析的相关人员、检验科工程技术人员和学生了解和掌握各类检验新技术、原理与基本结构。

**图书在版编目（CIP）数据**

临床医学检验仪器分析新技术 / 严荣国，王成主编. —北京：科学出版社，2019.10

ISBN 978-7-03-062466-6

Ⅰ. ①临⋯ Ⅱ. ①严⋯ ②王⋯ Ⅲ. 医学检验-医疗器械-高等学校-教材 Ⅳ. ①TH776

中国版本图书馆 CIP 数据核字(2019)第 218219 号

责任编辑：李 植 胡治国 / 责任校对：郭瑞芝
责任印制：赵 博 / 封面设计：范 唯

科学出版社 出版
北京东黄城根北街 16 号
邮政编码：100717
http://www.sciencep.com

北京科印技术咨询服务有限公司数码印刷分部印刷
科学出版社发行 各地新华书店经销
*

2019 年 10 月第 一 版 开本：787×1092 1/16
2025 年 1 月第四次印刷 印张：8 1/2
字数：186 000
定价：59.80 元
（如有印装质量问题，我社负责调换）

# 主 编 简 介

　　严荣国，江苏盐城人，博士，副教授。2006 年博士毕业于上海交通大学精密仪器系，于 2007 年在上海理工大学医疗器械与食品学院任教。2015 年 5 月底至 2016 年 6 月初在美国克莱姆森大学生物医学工程系做访问学者。多年来，一直从事医用检验仪器的教学和研究工作。在工作期间，主持国家自然科学基金青年项目 1 项，上海市"联盟计划"项目 1 项，上海市教委重点课程项目 1 项，上海理工大学一流本科系列教材项目 1 项，上海理工大学"卓越工程计划"在线专业教学平台建设项目 1 项，发表 SCI、EI 等高水平学术论文近 20 篇。

　　王成，内蒙古通辽人，博士，副教授。上海市晨光学者（2007 年）。2005 年 3 月博士毕业于中国科学院长春光学精密机械与物理研究所（光学专业），2007 年 3 月于上海交通大学生物医学工程博士后流动站出站。自 2007 年 3 月进入上海理工大学医疗器械与食品学院工作以来，主讲核心专业课程，如医用检验仪器、生物医学光学。在此期间，主持教育部博士点基金项目，上海市科学技术委员会产学研医项目，"联盟计划"难题招标专项、"助推计划"高校成果转化专项项目各 1 项，出版教材 1 本，与企业、医院合作课题 10 多项，发表 SCI、EI 等高水平学术论文 40 多篇。2013 年 5 月至 2014 年 5 月至美国密西根大学医学院放射系做访问学者。

# 序

检验医学，又称为实验室医学，主要是利用实验室的各项工具，对取自人体的血液、尿液、体液、分泌物等进行微生物学、免疫学、生物化学、遗传学、血液学、生物物理学、细胞学等方面的检验。检验医学已成为一门独立的学科，在临床疾病的预防、诊断、治疗和预后等方面发挥着越来越重要的作用。

近年来，随着基础医学、临床医学、生物医学工程、大规模集成电路和计算机技术的飞速发展，检验医学也发生了巨大的变化。许多新技术、新方法、新思路、新理念逐步得到临床应用，使得检验医学不断发展。

该书从 PCR 分析技术、化学发光免疫分析技术、无创诊断分析技术、POCT 分析技术、流式细胞分析新技术、临床检验仪器的质量控制方面，对取得最新进展的临床检验仪器分析技术做了较为系统而详尽的介绍，这些检验新知识、新方法和新技术，有助于从事检验分析的相关人员、检验科工程技术人员和学生了解和掌握各类检验新技术及其原理与基本结构。

该书编者中既有具有多年检验医学仪器教学经验的教师骨干，又有长期从事临床检验分析工作的技术骨干。该书经编者广泛参阅国内外各类相关文献，翻译并整理大量新型仪器的原文资料，从工作经验出发精心编写而成。全书深入浅出、条理清晰、内容新颖、技术实用。

希望该书能够成为高等院校检验医学、医疗器械和生物医学工程等相关专业的教材，并成为从事检验分析的专业人员、相关职能部门工作人员，医学检验仪器生产、销售及技术人员的一本较好的参考书。

唐立萍

2018 年 10 月 20 日

# 前　言

医用检验仪器是生物医学工程学科的核心专业课程，内容涉及医院检验科所使用的仪器和技术，它从工程学角度，主要讲述临床血液、尿液等的检验类仪器，包括其基本概念、工作原理、主要技术和质量控制等。临床检验类仪器所采用的分析技术主要包括：血细胞分析技术、流式细胞分析技术、血凝分析技术、血液流变学分析技术、血气分析技术、尿液分析技术、电解质分析技术、生化分析技术、荧光免疫分析技术、酶免疫分析技术等。经过多年的发展，这些检验分析技术相对较为成熟。随着微机电系统（micro-electro-mechanical system，MEMS）、集成电路等技术的发展和临床检验分析的新需求，许多分析技术日益蓬勃发展起来。

基于此，本书对最新发展起来的检验技术，包括 PCR 分析技术、化学发光免疫分析技术、无创诊断分析技术、POCT 分析技术、流式细胞分析新技术及临床检验仪器的质量控制做了一一介绍，力求突出科学性、实用性和前瞻性，重点突出仪器的原理、新的检验分析技术，并通过典型仪器对原理和新技术进行了进一步的阐述。

本书是上海理工大学建设一流本科系列教材的之一。第一章由上海理工大学郑刚教授编写，第二、五、六章由上海理工大学严荣国副教授编写，第三、四章由上海理工大学王成副教授编写，第七章由上海中医药大学附属曙光医院检验科张珏主任技师编写。上海理工大学葛斌副教授给予本书编写指导，赵展老师在资料整理方便给予帮助。全书由严荣国统稿，上海市临床检验中心临床化学检验研究室唐立萍副主任担任主审。

本书在上海理工大学医疗器械与食品学院所对应的课程名称为"医用检验仪器"，该课程受到 2017 年度上海市教育委员会本科重点课程立项资助，在此表示感谢。同时向为本书出版提供了大力支持的上海理工大学和科学出版社致谢。

由于我们的理论与实践水平有限，本书虽经反复修改，仍不免有各种不足，热忱欢迎读者批评指正。

编　者

2019 年 7 月

# 目　　录

# 第一章 绪 论

检验医学是对血液、尿液等临床标本进行正确的收集和测定，并做出正确的解释和应用，它已成为一门独立的学科，在疾病的诊断、治疗和预后等方面发挥着越来越重要的作用。

近年来，随着基础医学、临床医学、生物医学工程、大规模集成电路和计算机技术的飞速发展，检验医学也发生了巨大的变化。许多过去不能检出的物质，现在借助新型检验分析技术已能对其进行定性或定量的分析和测定。

本书对最新发展的检验技术，包括聚合酶链反应（polymerase chain reaction，PCR）分析技术、化学发光免疫分析（chemiluminescence immunoassay，CLIA）技术、无创诊断分析（noninvasive diagnostic analysis）技术、即时检验（point of care testing，POCT）分析技术、流式细胞分析（flow cytometry，FCM）新技术及临床检验仪器的质量控制做了一一介绍。

**1. PCR 分析技术** PCR 分析技术是一种在体外模拟自然 DNA 复制过程的核酸扩增技术，也称为无细胞扩增技术，运用这一技术可将微量遗传物质迅速简单地扩增一百万倍以上。

PCR 反应是在试管中进行 DNA 复制反应，其基本原理与体内复制相似，不同之处是用耐热的 *Taq* 酶取代 DNA 聚合酶，用合成的 DNA 引物替代 RNA 引物，用加热（变性）、冷却（退火）、保温（延伸）改变温度的办法使 DNA 得以解链、复制，反复进行变性、退火、延伸循环就可以使 DNA 扩增。

PCR 仪主要由激发光源、光路模块、光电转换模块、温度控制系统、电控模块、数据采集模块及计算机等组成。激发光源用来激发待测样本中的供体荧光染料发出荧光，是整个荧光检测体系中所有光学信号的源头。光路模块由透镜、平面镜、分光镜、滤镜轮等光学器件组成，光路模块的作用是将光源的激发光经过聚焦等透射到待测样本中，激发待测样本发出荧光，同时对激发出的荧光进行过滤、聚焦等，将荧光信号传给光电转换模块。光电转换模块主要由放大电路、滤波电路及光电检测器件组成，它负责将光信号转换为电信号。温度控制系统，用于实现对样品的加热和制冷。电控模块是实时荧光定量 PCR 仪的控制核心，其作用是与温度控制系统通信，实现温度控制，并控制光路模块和光电转换模块的运动，完成检测。数据采集模块通过模拟信号/数字信号（A/D）转换对光电转换模块的输出信号进行采集。

**2. 化学发光免疫分析（CLIA）技术** CLIA 技术是将化学反应的高灵敏度和免疫分析的高特异性结合的微量分析检测技术；它是用化学发光相关的物质标记抗体或抗原，与待测的抗原或抗体反应后，经过分离游离态的化学发光标记物，加入化学发光系统的其他相关物产生化学发光，进行抗原或抗体的定量或定性检测。

**3. 无创诊断分析技术** 在无创性实验室诊断中，无需通过穿刺等损伤过程获取实验标本（如血液、穿刺液等）就能得到实验结果。本书以无创脉搏式血氧饱和度监测技术、无创血糖监测技术和基于呼吸气体活检的无创肿瘤检测技术对无创诊断分析技术进行说明。

**4. POCT 分析技术** POCT 是临床医学检验的一种新模式，通常称为"即时检验"，指在患者旁边进行的临床检测。POCT 已从简单的干化学技术发展到传感技术、生物芯片等技术，其检测项目覆盖了几乎所有的医学检验领域。POCT 具有快捷、简便、效率高、成本低、检测周期短、标本用量少等优点。

目前该技术应用较多的领域包括血糖、血气及电解质、心脏标志物、妊娠及排卵、肿瘤标志物、感染性疾病、血及尿生化、凝血及溶栓等。

美国雅培（Abbott）公司收购的 i-STAT 公司的血气检测芯片，采用微加工技术制作薄膜电极，硅微加工技术制作生物电极阵列，通过微流体毛细作用进样，配备手持式的操作仪器，只需将 2~3 滴全血样品加入芯片内，在 2min 内就可以通过电化学反应对全血中的电解质进行检测（$Na^+$、$K^+$、$Cl^-$、$Ca^{2+}$），还可对尿酸、葡萄糖、血气（pH、$PaCO_2$、$PaO_2$）进行检测，这是目前微流体技术在 POCT 市场上最成功的产品。本书将重点介绍 i-STAT 公司的 POCT 分析技术。

**5. 流式细胞分析（FCM）新技术**　　FCM 是一种能够同时测量，并分析单一粒子群（通常是细胞群）以液流的形式流过光束时呈现的多个物理特性的技术。FCM 能够测量的物理特性包括某个粒子的相对大小、相对粒度或内部复杂度和相对荧光强度。这些特性由能够记录细胞或粒子散射入射激光和发射荧光的光电耦合系统得到。本书主要介绍流式细胞术的最新发展、典型仪器和数据分析技术。

**6. 临床检验仪器的质量控制**　　随着临床医学检验技术的快速发展，对于疾病的临床诊治，医学检验结果起着至关重要的作用，它是疾病的诊治、预后及预防保健中的一个重要手段。因此，临床检验一定要做好质量控制，保证质量控制贯穿检验的整个过程，确保检验结果的准确性。

量值溯源（traceability）是通过一条具有规定不确定度的不间断的比较链，使测量结果或测量标准的值能够与规定的参考标准（通常是国家计量基准或国际计量基准）联系起来的特性。量值溯源是提高临床检验质量的重要手段。

随着社会的发展、医学技术的进步，以及公民对于医疗保健服务意识的提高，人们对于医院的检验水平提出了更高的要求，临床检验仪器的质量控制也显得尤其重要。医院临床检验质量的好坏将会影响医院的长久发展及进步，是医院整体服务质量的基础保证。临床检验质量的控制包括三个阶段：临床检验前的质量控制、临床检验中的质量控制和临床检验后的质量控制。

# 复习思考题

1. 简述 PCR 分析技术。
2. 简述化学发光免疫分析技术。
3. 简述 POCT 分析技术。
4. 临床无创诊断分析技术有哪些？
5. 流式细胞分析有哪些新技术？

# 第二章　PCR 分析技术

PCR 分析技术是一种在体外模拟自然 DNA 复制过程的核酸扩增技术，也称为无细胞扩增技术，运用这一技术可将微量遗传物质迅速简单地扩增一百万倍以上。

该技术于 1983 年由美国 PE-Cetus 公司[现在的美国应用生物系统公司（ABI）]的穆利斯（K. B. Mullis）等研究提出。1988 年，Saiki 等从生存于温泉中的水生栖热菌（*Thermus aquaticus*）中提取了耐高温性的 DNA 聚合酶，并将其命名为 *Taq* DNA 聚合酶（*Taq* DNA polymerase），这种酶在 90℃以上仍能保持 70%左右的活性，该酶的发现和使用使得 PCR 分析技术得以广泛应用。

PCR 分析技术具有产率高、速度快、操作简单、重复性好、易自动化等优点，被广泛应用于生物、医学和食品等相关领域。

## 第一节　PCR 分析技术的发展历史

PCR 分析技术是体外大量扩增核酸序列的技术。人类基因组含有约 30 亿个碱基对，假设某基因 A 含有 2 万个碱基对，在 PCR 分析技术发现之前，所有针对基因 A 的研究工作都同时对 30 亿个碱基对进行操作，因此研究工作举步维艰。PCR 分析技术能帮助研究人员特异性地大量获取基因 A 的 2 万个碱基对，使研究工作变得简单，可操作性强。

发明 PCR 分析技术的穆利斯是位化学家，曾获得诺贝尔化学奖，但却对分子生物学产生了革命性的影响。PCR 分析技术有多么重要？两件事情可以说明，一是发明人被授予了诺贝尔奖，二是霍夫曼罗氏（Hoffmann La Roche）药厂出资 3 亿美元购买了 PCR 分析技术。

1983 年 4 月，穆利斯设想出 PCR 原理的原型。同年 8 月，穆利斯在西斯特（Cetus）公司正式做了一个有关 PCR 原理的学术报告，但几乎没有人相信，仅几个实验技术人员有些兴趣。9 月 8 日，他利用人体基因 DNA 作为模板，采用"撞大运"的方式进行了世界上第一次 PCR 实验，编号 PCR 01，但没有成功。

1984 年 11 月 15 日，穆利斯的 PCR 实验获得了成功。

1985 年 3 月 28 日，穆利斯申请了有关 PCR 的第一个专利。同年 9 月 20 日，一篇关于 PCR 应用的文章投稿 *Science* 并于 11 月 15 日发表。12 月，一篇正式介绍 PCR 原理的论文投稿 *Nature*，但被拒稿。后来，重投稿给 *Science*，仍被拒稿。原因是审稿者认为这只是技术革新类的东西。最后，该论文改投了《酶学方法》（*Methods in Enzymology*）。

1986 年 5 月，穆利斯在冷泉港实验室（The Cold Spring Harbor Laboratory，CSHL）举行的"人类分子生物学"专题研讨会上介绍了 PCR 分析技术。

1991 年 12 月 12 日，霍夫曼罗氏药厂出资 3 亿美元购买了 PCR 分析技术。

1993 年 10 月 13 日，穆利斯因发明 PCR 分析技术获诺贝尔化学奖。

1995 年，BAX® PCR 系统成为第一台将 PCR 分析技术应用于食品检测的商业化产品，并屡获殊荣。这一全自动系统涵盖多种检测项目，并采用片剂化试剂和优化培养基等前沿技术，对食品原料、制成品及环境样品进行沙门氏菌、李斯特菌、大肠杆菌 O157：H7、阪崎肠杆菌等的检测。

1996 年，Reddy 等通过逆转录 PCR 分析技术发现急性单核细胞白血病骨髓中单核细胞有麻疹病毒核蛋白胞膜转录。

1996 年 ABI 公司推出世界上第一台荧光定量 PCR 仪。该设备由荧光定量系统和计算机组成，通过荧光染料或荧光标记的特异性的探针，对 PCR 产物进行标记跟踪，与实时设备相连的计算机收集荧光数据。数据通过开发的实时分析软件以图表的形式显示，结合相应的软件可以对结果进行分析，计算待测样品的初始模板量。

1998 年，Saiki 等首创 RT-PCR 分析技术（reverse transcription-polymerase chain reaction）即逆转录 PCR，先将信使 RNA（mRNA）反转录为互补脱氧核糖核酸（cDNA），再做 PCR 扩增，电泳后即可得到待检测的结果，可用于测定基因表达的强度和鉴定已转录序列是否发生突变。

2011 年，美国伯乐（Bio-Rad）公司推出微滴式数字 PCR 系统（第三代 PCR 分析技术）。微滴式数字 PCR 系统在扩增前对样品进行微滴化处理，微滴发生器（droplet generator）将含有核酸分子的反应体系形成成千上万个纳升级的微滴，其中每个微滴或不含待检核酸靶分子，或含有一个至数个待检核酸靶分子，且每个微滴都作为一个独立的 PCR 反应器。经 PCR 扩增后，逐一对每个微滴进行检测，有荧光信号的微滴判读为 1，没有荧光信号的微滴判读为 0，根据泊松分布原理及阳性微滴的个数与比例即可得出靶分子的起始拷贝数或浓度。

我国科技人员在很短的时间内，就依靠自己的能力掌握了 PCR 分析技术。1993 年在上海举行的首届东亚运动会上，就曾全面使用 PCR 分析技术进行运动员性别检查。当时，该技术获得了世界体育医学界的高度评价。

1995 年，欧阳红生等利用 PCR 分析技术对牛胚胎性别进行鉴定，准确率均达到 100%。

2003 年，国内率先开发出荧光定量 PCR 分析技术，使我国在临床基因诊断技术的应用方面达到世界先进水平。同年，发明专利"早期检测 SARS 病毒感染的方法和试剂盒"，对 SARS 病毒的快速诊断起到了重要作用。

2009 年，我国成功研制出甲型 H1N1 流感病毒 RT-PCR 检测试剂盒。

PCR 分析技术自 1993 年至今已经历了四代产品。

**1. 手动/机械手式水浴基因扩增仪（第一代）** 用 3 个恒温水浴箱，分别将 3 个水浴温度恒定在 3 个温度：PCR 的高温变性温度（如 94℃）、低温复性温度（如 54℃）和适温延伸温度（如 72℃）。再用一个装有 PCR 标本试管的提篮，用手工在不同温度的水浴箱中依次水浴，标本在每个水浴箱中恒温的时间用秒表计时。这样 PCR 标本就能完成一个热循环过程。

这种方法的缺点是实验人员劳动强度大，容易因疲劳引起差错；而优点是设备简单，投资少，与自动化基因扩增仪相比，它无须升降温过程，实验时间短，实验更接近理想 PCR 反应条件，事实表明实验效果较好。但由于标本试管从一个水浴箱往另一个水浴箱移动中要短暂暴露于空气中，如果移动速度不够快就会对标本形成温度干扰，影响结果。本方法的另外一些缺点包括只能局限 3 个温阶（某些 PCR 反应需要多于 3 个温阶）、液体污染以及在低气压地区水温难以达到 94℃变性温度等。

为改进并提高本方法的自动化水平，有人设计了机械手装置，替代上述手工移动标本，形成了机械手水浴式基因扩增仪，该改进解决了实验人员的高强度劳动问题，但又带来了机械手部件大、行程频繁、相对运动而引起的故障高的问题。在 20 世纪 90 年代中期我国北京、上海地区就有这种类型的基因扩增仪销售，其应用较广，曾为我国的分子生物学的发展做出了积极贡献，而后便逐步被自动化程度更高的扩增仪替代，现在很少有单位使用。

**2. 自动化控制型定性基因扩增仪**（第二代） 与上述水浴式扩增仪相比，也有人称该种扩增仪为干式基因扩增仪，它是最具代表性的扩增仪，包括后续介绍的第三代、第四代产品都是以第二代为基础集成了定量检测部分。

**3. 终点定量/半定量 PCR 仪**（第三代） 第二代定性 PCR 只能判断阴性、阳性，而无法评价特定核酸的浓度及进行定量分析，定量 PCR 至少能达到定性 PCR 无法实现的下列功能：

（1）潜伏期病毒浓度探测。

（2）感染程度诊断。

（3）致病病原体数量变化测定。

（4）抗病毒药物疗效评估。

（5）恢复期病毒载量检测。

自 1996 年美国 ABI 公司发明第一台荧光定量 PCR 仪以来，PCR 分析技术和应用从定性向定量快速发展。终点定量 PCR 仪的优点是设备投资少，对于国内现有经济条件还不能购买昂贵实时荧光定量 PCR 仪的科研单位和医疗机构，利用现有的第二代常规定性 PCR 仪，再添加一台专用的单孔 PCR 终点产物荧光定量检测仪进行检测可达到定量的目的。终点定量 PCR 仪是从定性向实时定量过渡的一个中间产品，而 PCR 终点产物荧光定量仪进口产品较少，国产仪器较多，如西安天隆的 TL988，上海棱光的 DA620 型等。

**4. 实时定量 PCR 仪**（第四代） 实时定量 PCR 仪（real-time quantitative PCR detecting system）+实时荧光定量试剂+通用电脑+自动分析软件，构成 PCR-DNA/RNA 实时荧光定量检测系统。

# 第二节　PCR 反应原理

PCR 反应是在试管中进行的 DNA 复制反应，其基本原理与体内复制相似，不同之处是用耐热的 *Taq* 酶取代 DNA 聚合酶，用合成的 DNA 引物替代 RNA 引物，用加热（变性）、冷却（退火）、保温（延伸）改变温度的办法使 DNA 得以解链、复制，反复进行变性、退火、延伸循环就可以使 DNA 扩增，如图 2-1 所示。

（1）模板 DNA 变性：模板或经 PCR 扩增形成的 DNA 经加热升温至 94℃左右，一定时间后，双链之间氢键断裂，变成两条单链，以便与引物结合。

（2）模板 DNA 与引物的退火：DNA 加热变性成单链后，当温度降低到一定程度后（54℃左右），引物即与模板 DNA 单链的互补序列配对结合。

（3）引物的延伸：在 *Taq* DNA 聚合酶的作用下，DNA 模板上的引物以 dNTP（deoxy-ribonucleoside triphosphate，脱氧核糖核苷三磷酸）为原料，按碱基配对、半保留复制原则，合成一条新的与模板 DNA 链互补的链（72℃左右）。

当包含上述三个过程的循环完成之后，模板 DNA 总量增加一倍。包含上面三个过程的反应称为一个 PCR 循环。对于 PCR 反应来说，温度和在该温度持续的时间对 PCR 扩增的效率至关重要。因此对于 PCR 仪来说，控制温度是其核心功能之一。

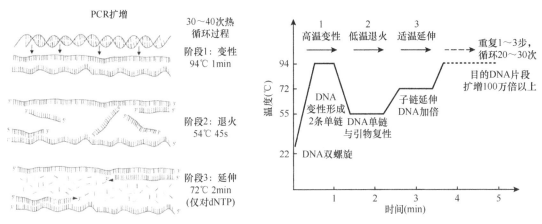

图 2-1　PCR 扩增反应的基本过程

根据 DNA 扩增的目的和检测的标准可以将 PCR 仪分为普通 PCR 仪、梯度 PCR 仪、原位 PCR 仪和实时荧光定量 PCR 仪等。

（1）普通 PCR 仪：一次 PCR 扩增只能运行一个特定退火温度的 PCR 仪，称为普通 PCR 仪。如果要用它做不同的退火温度操作则需要多次运行。这种普通 PCR 仪主要是用作简单的，对目的基因退火温度的扩增。

（2）梯度 PCR 仪：一次性 PCR 扩增可以设置一系列不同退火温度条件（通常为 12 种温度梯度）的 PCR 仪称为梯度 PCR 仪。因为被扩增的不同 DNA 片段其最适合的退火温度不同，通过设置一系列的梯度退火温度进行扩增，一次性 PCR 扩增就可以筛选出表达量高的最适合退火温度，从而进行有效的扩增，主要用于研究未知 DNA 退火温度的扩增，这样既节约时间，也节约经费。在不设置梯度的情况下也可当作普通的 PCR 仪使用。

（3）原位 PCR 仪：原位 PCR（in situ PCR）是一种把原位杂交的细胞定位技术与高灵敏度的 PCR 相结合的技术，即通过 PCR 分析技术以 DNA 为起始物，对靶序列在染色体上或组织细胞内进行原位扩增，使其拷贝数增加，然后通过原位杂交方法检测，对靶核酸进行定性、定位和定量分析。原位 PCR 按检测方法不同分为直接原位 PCR、间接原位 PCR、原位反转录 PCR 等。

（4）实时荧光定量 PCR 仪：传统的 PCR 分析技术在扩增完毕后需要对最终产物进行检测，以确定是否进行了正确的扩增并得到了特定的产物，检测方法主要是通过凝胶电泳（gel electrophoresis）进行定性分析，也可以通过放射性核素掺入标记后的光密度扫描来进行定量分析，但是这两种检测方法比较复杂，精度较低，自动化程度也较低。人们感兴趣的是起始 DNA 的模板数，在这种背景下产生了实时荧光定量 PCR 分析技术（quantitative real-time PCR）。

在普通 PCR 仪的设计基础上增加荧光信号激发和采集系统以及计算机分析处理系统，形成了具有荧光定量 PCR 功能的仪器。其 PCR 扩增原理和普通 PCR 扩增原理相同，在 PCR 扩增时加入的引物利用同位素、荧光素等进行标记，使引物和荧光探针同时与模板特异性结合扩增。扩增的结果通过荧光信号采集系统实时采集信号并连接输送到计算机分析处理系统，得出量化的实时结果。

# 第三节 实时荧光定量 PCR 原理

实时荧光定量 PCR（实时 PCR）设计了一条可以和待扩增模板部分互补的探针引物，这条引物被标记了荧光基团，一个标记在探针的 5'端，称为荧光发射基团（reporter dye，简称 R 基团）；另一个标记在探针的 3'端，称为荧光淬灭基团（quencher，简称 Q 基团）。当探针保持完整时，淬灭基团抑制发射基团的荧光发射，淬灭基团和发射基团一旦分离，抑制作用解除，发射基团发出荧光，如图 2-2 所示。

当特异性扩增发生时，三条引物将同时结合于模板链上，扩增引物延伸时，*Taq* 酶随引物延伸沿 DNA 模板移动，当移动到探针结合的位置时，*Taq* 酶将探针切断，使 R 基团从探针引物上游游离出来，Q 基团失去作用，R 基团便释放荧光信号。所以，模板每扩增一次，就会有一个 R 基团被激活，荧光量与被扩增的模板呈一对一关系，通过检测荧光信号强弱便可确定 PCR 产物数量。

PCR 产物的理论增长形式为 $2^n$，呈指数增长。但实际上，扩增效率不一定能达到 100%，PCR 扩增曲线也不是标准的指数曲线。实际扩增曲线可分为三个阶段，即指数增长期、线性增长期及平台期。在指数增长期，每个循环 PCR 产物量大约增加一倍。随着反应的进行，反应体系组成成分的消耗，其中的一种或多种成分限制反应，产物增长速度变慢，呈线性增长，最后反应进入平台期，如图 2-3 所示。

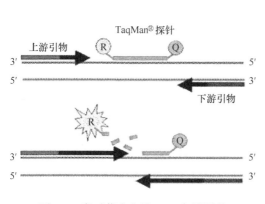

图 2-2 实时荧光定量 PCR 定量原理

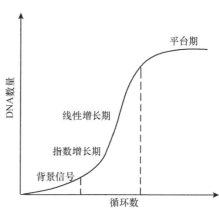

图 2-3 PCR 产物指数增长

为了定量的方便，在实时荧光定量 PCR 分析技术中引入了三个非常重要的概念：基线、阈值与 $C_T$ 值，如图 2-4 所示。

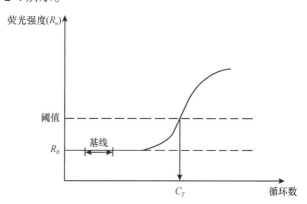

图 2-4 PCR 基线、阈值与 $C_T$ 值的关系

基线：荧光强度本底信号，是背景曲线的一段，范围是从反应开始不久荧光强度开始变得稳定，直到所有反应管的荧光都将要超出但还未超出背景荧光强度。

阈值：荧光强度超出本底信号（基线），达到可检测水平时的临界数值。阈值的量化定义是基线范围内荧光强度标准偏差的 10 倍。

$C_T$ 值：每个反应管内的荧光信号到达设定的阈值时所经历的循环数被称为 $C_T$ 值。

设 $N_0$ 为 DNA 初始浓度，$n$ 为扩增次数，扩增效率为 $E_x$（$0 \leq E_x \leq 1$），$N_n$ 为扩增产物量，每个荧光分子的荧光强度为 $R_S$，荧光本底信号为 $R_B$，$R_n$ 为扩增后荧光强度，$\Delta R_n$ 为扣除本底信号的荧光强度，则

$$N_n = N_0\left(1+E_x\right)^n \tag{2-1}$$

$$\Delta R_n = R_n - R_B = N_n R_S = N_0\left(1+E_x\right)^n R_S \tag{2-2}$$

当 $R_n$ 达到阈值时，$n = C_T$，则上式可转化为

$$\Delta R_n = N_0\left(1+E_x\right)^{C_T} R_S \tag{2-3}$$

对此式两边取对数，

$$C_T = -\frac{\lg N_0}{\lg\left(1+E_x\right)} + \frac{\lg \Delta R_n - \lg R_S}{\lg\left(1+E_x\right)} \tag{2-4}$$

由于 $C_T$ 值的确定是在指数期，所以 $E_x$ 为定值，而 $R_S$、$R_B$、$R_n$ 为已知，上式可以简化为

$$C_T = -k \lg N_0 + b \tag{2-5}$$

式中，

$$k = -\frac{1}{\lg\left(1+E_x\right)}, \quad b = \frac{\lg \Delta R_n - \lg R_S}{\lg\left(1+E_x\right)} \tag{2-6}$$

所以对于每一个特定的 PCR 反应来说，$C_T$ 值与 $\lg N_0$ 呈线性关系。也就是说，$C_T$ 值与起始模板拷贝数 $N_0$ 的对数呈线性关系，$C_T$ 值是精确和严格的。标准曲线法就是由这个基本结论得来的。将一系列相对浓度或绝对浓度的标准品与待测样品做同一批扩增实验，以标准品的 $C_T$ 值对其初始浓度（可为绝对浓度或相对浓度）的对数值做直线，这一直线为标准曲线。待测品根据其 $C_T$ 值即可确定其初始浓度（绝对浓度或相对浓度）。

荧光定量 PCR 分析技术的特点和优势：

（1）特异性强：引物和探针的"双保险"，避免检测的假阳性。

（2）灵敏度高：分析 PCR 产物的对数期，自动化仪器收集荧光信号，避免了许多人为因素干扰。

（3）避免污染：全封闭反应，无需 PCR 后处理。

（4）准确定量：运用标准品获得标准曲线，结合 $C_T$ 值进行准确定量。

（5）高效低耗：可实现一管多检。

（6）操作简便：在线式实时监测扩增结果，不必接触有害物质。

（7）反应快速：反应时间 < 1.5h。

# 第四节　荧光检测系统

实时荧光定量 PCR 荧光检测系统的构成，如图 2-5 所示。

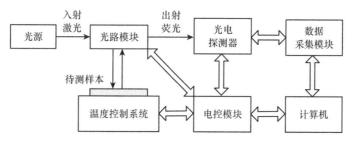

图 2-5 实时荧光定量 PCR 荧光检测系统构成示意图

实时荧光定量 PCR 荧光检测系统主要由激发光源、光路模块、温度控制系统、电控模块、光电转换模块（光电探测器，通常是光电倍增管）、数据采集模块及计算机等组成。激发光源用来激发待测样本中的供体荧光染料发出荧光，是整个荧光检测体系中所有光学信号的源头。光路模块由透镜、平面镜、分光镜、滤镜轮等光学器件组成，光路模块的作用：①将光源的激发光经过聚焦等作用投射到待测样本中，激发待测样本发出荧光；②对激发出的荧光进行过滤、聚焦等，将荧光信号传给光电转换模块。光电转换模块主要由放大电路、滤波电路及光电检测器件组成，它负责将光信号转换为电信号。温度控制系统主要包括温度控制器、样品槽、加热制冷器件、功率放大器、散热器、风扇、热盖等，用于实现对样品的加热和制冷。电控模块是实时荧光定量 PCR 仪的控制核心，其作用：①与温度控制系统通信，实现温度控制；②控制光路模块和光电转换模块的运动，完成检测。数据采集模块通过 A/D 转换对光电转换模块的输出信号进行采集。

通常，按照光学系统结构的不同，检测系统可分为斜射式、透射式和共聚焦式三种。

**1. 斜射式检测系统**　斜射式检测系统激发光路和发射光路呈一≤90°的角度，如图 2-6 所示。其光路比较简单，光源透过透镜激发样品中的荧光物质，荧光通过物镜及相应波段的滤光片被光电探测器收集。需要控制好激发光的入射角度及荧光检测元件的角度，以使激发面积足够大，尽量减少被物镜收集的激发光强度，以减少激发光的干扰，降低噪声，提高信噪比。

但是，由于空间位置的阻碍，不利于使用较大数值孔径的透镜，影响了荧光收集效率的提高。

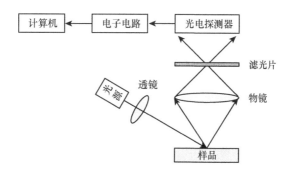

图 2-6 斜射式检测系统

**2. 透射式检测系统**　透射式检测系统的激发光路和发射光路相互呈 180°，如图 2-7 所示。如某投射式检测系统，系统采用 488nm 和 514nm 的混合激发光束作为激发光源，检测以 4 种荧光素标记的样品混合物，被激发的 4 种不同波段的荧光通过二向色镜分成 4 个发射光路，最后透过不同波段的滤光片被光电探测器收集，可测量 525nm、550nm、580nm、605nm 处荧光发射强度。

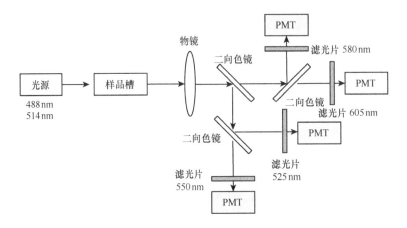

图 2-7　透射式检测系统

这种结构有可能使较高强度的激发光及外界杂散光进入物镜，对荧光检测造成干扰。因此，需要在检测光路中加入合适的滤光片，滤除杂散光，提高信噪比。

**3. 共聚焦式检测系统**　从激发器发出的激光经二向色镜反射至主物镜，主物镜将激光束聚焦在检测点上。检测点处的荧光物质在激光激发下产生荧光，荧光由主物镜捕获后变成平行光，通过二向色镜后被聚焦透镜聚焦至光阑（针孔）。通过针孔的光再经滤光片滤除荧光以外的杂散光，最后被光电探测器接收，经电子电路放大后，经数据采集由计算机处理。共聚焦式检测系统如图 2-8 所示。

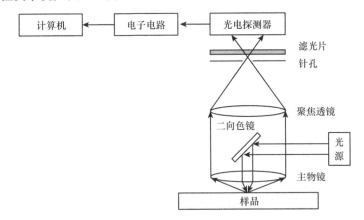

图 2-8　共聚焦式检测系统

在共聚焦检测光路中，要保证针孔与聚焦在检测点的激光光斑分别处于光路的两个共轭焦点上，只有激光焦点处产生的荧光才能通过针孔而被检测，其他部位产生的荧光和杂散光由于不能在针孔处聚焦而被屏蔽，可大大减少检测点以外区域产生的背景杂散光，从而得到很高的信噪比。共聚焦式检测系统仅需一套光学系统，结构简单，可以使用高数值孔径显微镜头。因此，它在荧光收集效率及降低背景噪声等方面均达到了较高水平，在激光诱导荧光检测中应用最多。

# 第五节　温度控制原理

在 PCR 仪中，不同的反应阶段对温度的要求不同，而且在不同阶段反应物的特性也不尽相同，对温度精确性的实时控制直接影响 PCR 仪的扩增效果。PCR 仪温度控制系统的主要技术指标包括：①温度控制范围；②升温和降温速度；③温度控制精度。PCR 仪系统核心功能之一就是对各个阶段所需温度的精确控制。PCR 仪温度控制系统可以实现在规定时间内以最快的速度及最精确的温度实现快速升降温和温度保持。

**1. 温度传感器**　常用的温度传感器有热电偶和热电阻等。热电偶是温度测量中比较常见的温度器件，它的测温范围为-50～+1600℃，相比于其他温度传感器，热电偶的测温范围较宽，结构简单，动态响应好。相比于热电阻，热电偶的测温精度要低一些，在传递电信号时，需要用补偿导线来传递信号。

热电阻常用铂金电阻，它的测温原理是电阻值和温度的变化存在一定的关系，温度的上升和下降对应着电阻值的增大和减小，其优点是可以实现电信号的远距离传输，具有较强的稳定性和较高的灵敏度，互换性及准确性也比较好。其中，PT1000 的测温范围为-70～+400℃，测温精度也较高。与热电偶相比，其性价比较高，不需要补偿导线。

**2. 加热制冷器件**　PCR 仪常采用水浴、电阻丝加热或半导体加热方式。一般用于加热和制冷的器件都只能单一地提供加热或制冷，如电阻丝加热和水浴加热在系统中只能作为加热装置，制冷部分需要另外附加电路或器件。

半导体加热制冷器件是一种集加热、制冷于一体的装置，体积较小，在同一工作面内既可以实现制冷又可以实现加热，该方式可简化温度控制的方式。半导体制冷又称为温差电制冷或热电制冷。半导体加热制冷器件控制简单，没有噪声，没有运动部件，也无须连续的工作，由多个半导体连在一起使制冷功率变大，它主要是佩尔捷效应（Peltier effect）在制冷技术方面的应用。半导体加热制冷器件的操作具有可逆性，既可制冷，又可加热，而这只需改变工作电流的方向。制冷量可在 mW 级至 kW 级变化，制冷温差可达 20～150℃范围。

热电偶是由半导体材料制作的，如图 2-9 所示。热电偶有两条电偶臂，分别用 P 型半导体和 N 型半导体制造。电偶臂的两端均有金属片。当电流流经热电偶时，在两端产生佩尔捷效应，上面形成冷端，从外界吸热；下面形成热端，向外界放热。如果将若干个这样的热电偶对在电路上串联起来，在传热上并联起来，就构成了一个常见的热电制冷电堆。接上电源，借助于热交换器等各种传热器件，可使热电制冷组件的热端不断散热，并保持一定的温度。把热电堆的冷端放到需要的工作环境中吸热降温，这样就达到了制冷的目的。

**3. PID 控制的基本原理**　自动控制的基本方式有开环控制和闭环控制两种。开环控制实行起来较为简单，但是抗扰动能力较差，控制精度也不高。自动控制方式中大都采用闭环控制方式，其主要特点是抗扰动能力强，控制精度高。

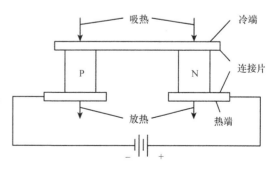

图 2-9　半导体热电偶

温度控制中常用比例-积分-微分控制方式，简称 PID 控制方式（proportional-integral-derivative controller），也可称为 PID 调节方式。PID 控制是迄今为止自动控制过程中最通用的控制方式，大多数反馈回路系统采用该方式来进行控制。PID 控制器及其改进型是目前工程实际应用中最为常见的控制器。

图 2-10 所示为 PID 控制系统原理框图。PID 控制系统是由比例控制单元（P）、积分控制单元（I）以及微分控制单元（D）三部分组成。工程上在非间断控制系统中，PID 控制是目前控制器中最常用的自动控制方法。

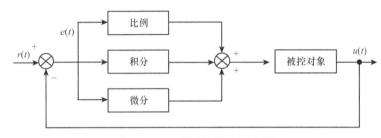

图 2-10　PID 控制系统原理框图

其基本数学模型表示为

$$y(t)=K_{\mathrm{p}}\left[e(t)+\frac{1}{T_{\mathrm{i}}}\int_0^t e(t)\mathrm{d}t+T_{\mathrm{d}}\frac{\mathrm{d}e(t)}{\mathrm{d}t}\right] \tag{2-7}$$

式中，$e(t)$ 为采样值与目标值的差；$K_{\mathrm{p}}$ 为比例系数；$T_{\mathrm{i}}$ 为积分系数；$T_{\mathrm{d}}$ 为微分系数。

PID 控制参数的控制意义：

（1）比例控制器（proportional controller）：比例控制器是一个放大倍数可调的放大器，是一个具有比例控制规律的控制器。它的作用是调整系统的开环增益，提高系统的稳态精度，降低系统惰性，加快响应速度。但是系统控制过程中仅用比例控制器进行系统校正是不行的，过大的开环增益不仅会使系统的超调增大，还会使系统的稳定度变小，对于高阶系统而言，甚至会使系统变得不稳定。

（2）积分控制器（integral controller）：积分控制器是一个具有积分控制规律的控制器。积分控制器的输出反映的是对输入信号的积累，因此，当输入信号为零时，积分控制仍然可以有不为零的输出，正是由于这一独特的作用，可以用它来消除稳态误差。

在控制系统中，采用积分控制器可以提高系统的稳定性，消除或减小稳态误差，使系统的稳态性能得到改善。由于积分控制器是依靠对误差的积累来消除稳态误差的，所以势必会使系统的反应速度降低。因此，积分控制器一般不单独应用，通常是和比例控制器组合使用。

（3）微分控制器（derivative controller）：微分控制器是一个具有微分控制规律的控制器。通常，微分控制总是和比例控制或其他控制一起使用。微分控制有"预测"作用，正是这种对动态过程的"预测"作用，使得系统的响应速度变快，超调减小，振荡减轻。因此，只要适当地选取微分时间常数，就可以利用微分控制提供的超前相角使系统的相位裕度增大，从而使系统变得更加稳定。图 2-11 为 PID 控制调节图。

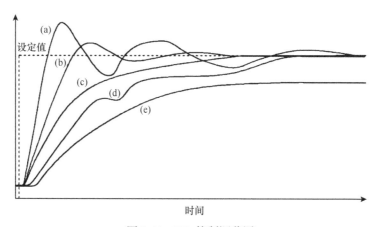

图 2-11　PID 控制调节图

（a）超调过大，减小比例，增大微分时间；（b）变化迅速，存在微小超调；（c）过程值缓慢接近设定值，并且无超调的到达设定值；（d）比例太小和（或）微分时间太长；（e）比例太小和（或）积分时间太长

# 第六节　典型 PCR 仪比较

将美国安捷伦、美国 ABI、瑞士 Roche 的实时荧光定量 PCR 仪进行比较，如表 2-1 所示。

表 2-1　典型 PCR 仪比较

| | 美国安捷伦 | | 美国 ABI | | 瑞士 Roche | | 说明 |
| --- | --- | --- | --- | --- | --- | --- | --- |
| | Mx3000P | Mx3005P | Prism 7500 | Step One/Plus | Light Cycler 1.5/2.0 | LC480 | |
| 光源 | 石英卤钨灯 | 石英卤钨灯 | 卤钨灯 | 蓝光 LED | LED | 氙灯 | 石英卤钨灯激发范围广，光强度高，适合做多通道的定量 PCR。LED 的激光光源是冷光源，寿命也较长，但是光强度低，光的激发范围受限制 |
| 通道 | 4 通道 | 5 通道 | 5 通道，其中一个为校正染料通道 | 3 通道 | 3 块/6 块检测滤光片 | 5 通道 | 多通道是定量 PCR 发展的趋势。主流的是 4 通道 |
| 检测器 | PMT | PMT | 冷 CCD | 光电二极管 | 光电二极管 | CCD | 采用 CCD 检测器具有边缘效应，需加入校正染料。采用 PMT 检测器，能将光信号放大，检测灵敏度高，不需校正染料。发光二极管的检测灵敏度低 |
| 滤光系统 | 4 个激发光滤镜与 4 个发射光滤镜 | 5 个激发光滤镜与 5 个发射光滤镜 | 5 个激发光滤镜与 5 个发射光滤镜 | 带有 3 个/4 个检测端滤光片 | 3 个/6 个发射光检测滤镜 | 5 个滤光端滤光片和 6 个检测端滤镜 | 激发光和发射光的双重过滤能排除杂光的影响，从而提高检测的准确性 |

续表

| | 美国安捷伦 | | 美国 ABI | | 瑞士 Roche | | 说明 |
|---|---|---|---|---|---|---|---|
| | Mx3000P | Mx3005P | Prism 7500 | Step One/Plus | Light Cycler 1.5/2.0 | LC480 | |
| 样品通道 | 96 孔 | 96 孔 | 96 孔 | 48 孔/96 孔 | 32 孔 | 96 孔/384 孔 | 主流是 96 孔。可以采用多孔板方便操作 |
| 激发光范围 | 350～750nm | 350～750nm | 400～660nm | 470nm | 470nm | 430～630nm | Mx3000P 和 Mx3005P 扩大了光谱的检测范围，达 350～750nm。目前市场上所有的荧光探针都适用 |
| 荧光检测范围 | 350～700nm | 350～700nm | 500～660nm | / | 530nm、640nm、705nm/530nm、560nm、610nm、640nm、670nm、705nm | 430～630nm | 安捷伦的检测荧光范围最广 |
| 检测动态范围 | 10 个 | 10 个 | 9 个 | 9 个 | 9 个 | 10 个 | |
| 温度均一性 | ±0.25 | ±0.25 | ±0.50 | ±0.50 | ±0.40 | ±0.35 | 安捷伦改进了传统的模块加热方式，使得温度非常均匀，实验的重复性更好 |
| 升降温速度 | 2.5℃/s | 2.5℃/s | 样品 1.6℃/s 模块 2.5℃/s | 模块最高 4.6℃/s, 0.1～20℃/s 样品快速功能下 2.2℃/s，普通功能下 1.6℃/s | | 升 4.8℃/s 降 2.5℃/s | |
| 检测灵敏度（准确性） | 单拷贝（区别 5000 个拷贝与 10 000 个拷贝的可信度为 99.7%） | 区别单拷贝（区别 5000 个拷贝与 10 000 个拷贝的可信度为 99.7%） | 区别单拷贝（区别 5000 个拷贝与 10 000 个拷贝的可信度为 99.7%） | 区别 10 拷贝（区别单拷贝与 10 000 个拷贝的可信度为 99.7%） | 区别 5000 单拷贝 | 单拷贝 | |
| 升降温方式 | Peltier 半导体 | Peltier 半导体 | Peltier 半导体 | Peltier 半导体/Step one plus 使用 Veriflex 技术分为 6 个独立控制区域 | 空气加热制冷 | Peltier 半导体 | 半导体加热制冷控温更加精确。空气加热制冷虽快速，但控温不精确 |

注：CCD，电荷耦合器件；PMT，光电倍增管。

# 第七节　微流控 PCR 分析技术

　　PCR 分析技术最初是由 Khorana 于 1971 年提出了体外核酸扩增技术的设想，1985 年美国 PE-Cetus 公司人类遗传研究室的 K. B. Mullis 等将这些设想变为现实，掌握了 PCR 原理。此后，经过 30 余年的发展，PCR 分析技术经历了三代技术革新。

　　（1）第一代是 PE-Cetus 公司的热循环仪。

　　（2）第二代是静态的微反应槽 PCR 芯片（micro chamber PCR chip）。

　　（3）第三代是微流控 PCR 芯片（continuous flow PCR chip），它属于微全分析系统（miniaturized total analysis system，μTAS）的一种。微全分析系统的概念是在 1990 年由瑞

士 Ciba-Geigy 公司的 Manz 和 Widmer 提出。1994 年，美国橡树岭国家实验室（Oak Ridge National Laboratory）的 Ramsey 等在 Manz 的工作基础上发表了一系列论文，改进了芯片毛细管电泳的进样方法，提高了其性能与实用性。1996 年 Mathies 等又将基因分析中有重要意义的 PCR 扩增与毛细管电泳集成在一起，展示了微全分析系统在此方面的应用价值与潜力。

**1. 微流控芯片**　微流控芯片（micro-fluids）指的是在一块几平方厘米的芯片上构建的化学或生物实验室，可以在微观通道下依靠电、磁、机械、化学等各种方式进行实验操作，以实现其设计的功能。它的目标是把化学和生物领域涉及的样品制备、反应、分离、检测、培育、分选等部分集成在微芯片上，而且可多次使用，其最终发展方向是微全分析系统。微流控芯片最大的特点是其工作环境依赖于微电子机械系统（MEMS）微细加工制作出来的微流体环境，以可靠微流体贯穿整个系统，这也是其中文译名的由来。微流控芯片的构造一般为多层结构的复合封装，最简单的微流控芯片就是使用一片基材用微加工技术刻上微细通道，然后与另外一块平整基材复合在一起，形成具有封闭通道的芯片，在其中一片上还有通道的进出口，以进行芯片内外的流体交换。

**2. 微全分析系统**　微全分析系统（μTAS）是微流控芯片最终的发展方向，长期以来经常与微流控芯片概念在一起混用，如图 2-12 所示。微全分析系统是通过分析化学、MEMS 加工、计算机、电子学、材料学及生物学、医学的交叉实现化学分析系统从试样处理到检测的整体化、自动化、集成化与便携化，也就是把试样的采集、预处理、分离、反应、检测等部分集成在几平方厘米的面积内，从而高效、快速地完成试样的分离、分析和检测。简单来说，微全分析系统是以样品分析与检测为最终目的的功能化的集成系统，是以微流控芯片为基础发展而来，能够将实验室所有功能实现集成构成一体化的系统。一个能实现预期功能的完整微全分析系统应该大体包括三个部分：①由不同功能的微通道网络构成的微流控芯片；②支持芯片微流体运行及信号收集所必需的控制与检测装置；③有实现芯片功能化方法和材料的试剂盒。

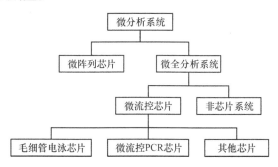

图 2-12　微全分析系统与微流控芯片

**3. PCR 生物芯片**　传统 PCR 系统热容量大、温度变化缓慢。在 20 世纪 90 年代，研究人员通过 MEMS 技术成功地在硅片上完成 PCR 扩增。从此，以硅、玻璃、聚合物为基底材料的 PCR 生物芯片得到了快速发展。这些生物芯片具有热容量小、热循环快、集成化程度高等特点。

微流控 PCR 芯片的总体结构主要由进样单元、PCR 反应单元、温度控制单元和检测分析单元组成，如图 2-13 所示。

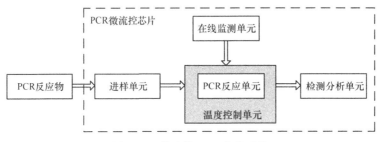

图 2-13　微流控 PCR 芯片系统

（1）PCR 反应物：参加 PCR 反应的物质。

（2）进样单元：用于控制反应物的引入和混合，以及微流体的驱动和控制，通过对通道内流体的操控，完成芯片系统的分析功能。

（3）PCR 反应单元：是 PCR 反应的微室或微通道。

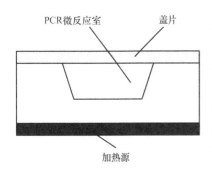

图 2-14　时域微流控 PCR 芯片

（4）温度控制单元：用于对 PCR 反应过程中的温度变化进行控制。

（5）检测分析单元：用于检测并分析微弱光电信号，并由微处理器通过计算和分析给出结果和报告。

就 PCR 温度控制系统而言，PCR 芯片主要有时域微流控 PCR（time domain PCR）芯片和空域微流控 PCR（space domain PCR）芯片。前者是传统 PCR 的微型化，反应物存在于反应池内，反应池内的温度循环反复变化，实现快速升/降温循环，此种方法需要考虑 PCR 系统的热容量以便准确控制反应时间和反应温度，如图 2-14 所示；而空域微流控 PCR 芯片是让试剂连续流经三个不同的恒温带，以温度在空间上的交替变化代替温度在时间上的变化，如图 2-15 所示。

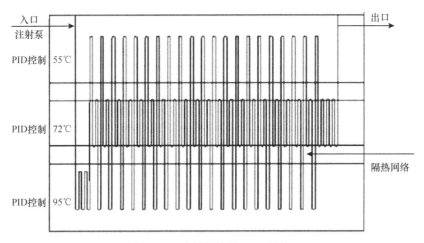

图 2-15　空域微流控 PCR 芯片

金属块加热器的一个缺点是体积大、热容量大，通常需要加热器、传感器与比例-积分-微分控制器（PID）、模拟电子控制器以及反馈控制器一起来实现空域微流控 PCR 芯片精确的温度控制，这使得整体系统复杂，温度的实时检测比较困难而且体积较大。

DNA 样品和反应试剂连续流动，经过三个不同的恒温带，从而达到 DNA 片段热循环扩增的目的，该方法由于不需要反复地加热或冷却 PCR 装置，加热-冷却速度一般不受 PCR 装置系统的热容量所限制，反应速度较快。

微流控 PCR 技术不仅节约空间和试剂，其优点还表现在以下方面。

（1）加热和冷却系统体积小，热容量小，可达到较高的加热和冷却速率（15～40℃/s），而常规的 PCR 热循环仪的速率仅为 2～10℃/s。

（2）由于尺寸的缩小使得比表面积增大，增加了热传导效率，大大缩短了 PCR 反应时间。

（3）易于集成化。不仅可以通过薄膜沉积和微加工技术在芯片底部将控温单元的各部件集成为薄膜电阻，紧贴于液体样品进行热传递，还可将 PCR 扩增系统与其他操作系统集于一体，实现 PCR 分析的微型化、自动化和提高分析速度。

常规 PCR 芯片与微流控 PCR 芯片的比较，如表 2-2 所示。

**表 2-2　常规 PCR 芯片与微流控 PCR 芯片的比较**

| 比较项目 | 常规 PCR 芯片 | 微流控 PCR 芯片 |
| --- | --- | --- |
| 反应体系热容 | 较大 | 较小 |
| 材料热导率[W/（m·K）] | 0.2（聚丙烯管） | 157（硅），0.7～1.1（玻璃） |
| 反应器比表面积 | 较小 | 增大 10～1000 倍 |
| 反应液体积（μl） | 20～100 | 0.01～10 |
| 反应液温差（±℃） | 可高达 10℃ | <1℃ |
| 升/降温速率（℃/s） | 2～10 | 5～90 |
| 平均循环时间（min） | ～5 | 0.2～1 |
| PCR 扩增时间（min） | 90～180 | 4～30 |
| 反应过程集成化程度 | 难以集成化 | 易集成其他功能单元 |

Sun 等使用氧化铟锡（indium tin oxide，ITO）薄膜制作 PCR 芯片的加热器，由于 ITO 薄膜属于透明电极，这种设计使得芯片实现了整体的透明化，如图 2-16 所示。

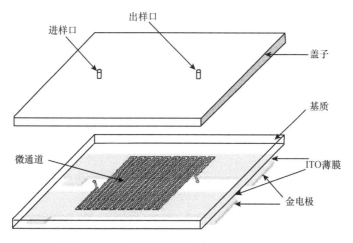

图 2-16　Sun 设计的集成电极透明 PCR 芯片

West 制作了一种使用交流磁流体驱动的旋转循环型 PCR 芯片。这种 PCR 芯片将电极加工于通道垂直侧壁上作为交流磁场的提供体。其内部循环流动速度可达到 300mm/s，如图 2-17 所示。

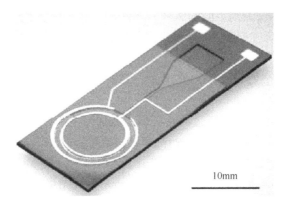

10mm

图 2-17　交流磁流体驱动的环状通道 PCR 芯片

# 复习思考题

1. 什么是聚合酶链反应（PCR）技术？
2. PCR 反应的原理是什么？
3. 简述实时荧光定量 PCR 分析技术。
4. PCR 荧光检测系统由哪几部分组成？
5. 按照光学系统结构的不同，荧光检测系统可分为哪几种？
6. 简述 PCR 仪 PID 温度控制原理。
7. 简述微流控 PCR 分析技术。

# 第三章 化学发光免疫分析技术

化学发光（chemiluminescence）是指伴随化学反应过程所产生的光的发射现象。某些物质（发光剂）在化学反应时，吸收了反应过程中所产生的化学能，使反应的产物分子或中间态分子中的电子跃迁到激发态，当电子从激发态回复到基态时，以发射光子的形式释放出能量，这一现象称为化学发光。

化学发光免疫分析（chemiluminescence immunoassay，CLIA）是将化学反应的高灵敏度和免疫分析的高特异性结合的微量分析检测技术，它是用化学发光相关的物质标记抗体或抗原，与待测的抗原或抗体反应后，经过分离游离态的化学发光标记物，加入化学发光系统的其他相关物质产生化学发光，进行抗原或抗体的定量或定性检测。

根据放射免疫分析（radioimmunoassay，RIA）的基本原理，将高灵敏度的化学发光技术与高特异性的免疫反应结合起来，建立起来的化学发光免疫分析技术，具有灵敏度高、特异性强、线性范围宽、操作简便、不需要十分昂贵的仪器设备等特点。CLIA 应用范围较广，既可检测不同分子大小的抗原、半抗原和抗体，又可用于核酸探针的检测。CLIA 与放射免疫分析（RIA）、荧光免疫分析（immunofluorescence assay，IFA）及酶免疫分析（enzyme immunoassay，EIA）相比，具有无辐射、标记物有效期长并可实现全自动化等优点。CLIA 为医学及食品分析检测和科学研究提供了一种痕量或超痕量的非同位素免疫检测手段。

## 第一节 发光免疫分析技术概述

提供可靠的检测技术和快捷的服务是临床实验室提供高质量服务的关键。这种需求促使临床检验技术不断更新发展。就激素、多种特定蛋白及药物的定量检测而言，因被检测物质分子量小，体液中含量极微，其检验方法必须具有高度的特异性及灵敏度。20 世纪 60 年代发展起来的放射免疫分析技术（RIA）在一定程度上解决了上述技术性问题，但因标记物放射性污染、半衰期短影响试剂稳定性，以及分离技术需时较长，无法实现全自动化等缺点，已渐被淘汰。随着单克隆抗体的成功应用和多种标记物及标记技术的发展，现代化免疫检测技术的灵敏度及特异性又有了一个飞跃。上述两种技术的日趋完善及临床对分析技术的准确性及速度的要求，促进了自动化免疫测定仪器的诞生。全自动发光免疫分析技术集经典方法学和先进技术于一身，已被国内外的临床实验室及科研单位广泛应用于激素、多种特定蛋白及药物监测的分析。

发光免疫分析技术依其示踪物检测的不同而分为荧光免疫测定、化学发光免疫测定及电化学发光免疫测定三大类。荧光免疫测定又可分为两种：时间分辨荧光免疫测定（time resolved fluorescence immunoassay，TR-FIA）及荧光偏振免疫测定（fluorescence polarization immunoassay，FPIA）。利用 TR-FIA 者，以 EG&G 公司的 Auto Delfia 型为代表，FPIA 则以 Abbott 公司的 AXSYM 型 i2000 为代表。化学发光免疫测定分为化学发光酶免疫测定和化学发光标记免疫测定，前者以 Beckman Coulter 公司的 Access 型及 DPC 公司的 Immulite 型为代表，后者以 Bayer 公司的 ACS 180SE 为代表。电化学发光免疫测定以 Roche 公司的

Elecsys 1010 型、Elecsys 2010 型及 Cobas e601 型为代表。罗氏诊断 2018 年在中国上市的 Cobas E 801 全自动化学发光免疫分析仪，仅用一管血就可进行 90 个项目的检测，是全球同类产品中检测速度最快的仪器。

发光免疫分析技术具有明显的优越性：①敏感度高，超过放射免疫分析技术（RIA）；②精密度和准确性均可与 RIA 相媲美；③试剂稳定，无毒害；④测定耗时短；⑤自动化程度高。

目前市面上的发光免疫分析仪器所能检测的项目：

（1）甲状腺功能及相关疾病的检测项目：总 $T_3$（$TT_3$）、总 $T_4$（$TT_4$）、游离 $T_3$（$FT_3$）、游离 $T_4$（$FT_4$）、促甲状腺激素（TSH）、甲状腺球蛋白抗体（TG-Ab）、甲状腺过氧化物酶抗体（TPO-Ab）。

（2）生殖内分泌激素：促卵泡激素、黄体生成素、孕激素、催乳素、睾酮、雌激素及胎盘激素，包括滋养叶细胞分泌的人绒毛膜促性腺激素（β-HCG）和胎儿-胎盘单位共同生成的激素（μE3）等。

（3）心肌缺血或梗死的标志物：肌钙蛋白 I（cTnI）、肌钙蛋白 T（cTnT）、肌红蛋白、肌酸激酶（CK-MB）。

（4）肿瘤标志物：癌胚抗原（CEA）、甲胎蛋白（AFP）、胰腺癌及肠癌相关抗原（CA19-9）、乳腺癌相关抗原（CA15-3）、角蛋白-18、前列腺特异抗原（PSA）、β-HCG、$\beta_2$ 微球蛋白（$\beta_2$-MG）、铁蛋白等。

（5）糖尿病指标：胰岛素、C 肽。

（6）贫血指标：叶酸盐、维生素 $B_{12}$、铁蛋白。

（7）肾上腺激素皮质醇。

（8）感染性疾病的血清学标志物：人类免疫缺陷病毒（HIV）抗体、病毒相关抗原及抗体（如 HBsAg、抗 HBs、HBeAg、抗 HBe、抗 HBc、抗 HAV-IgM、CMV-IgG、CMV-IgM、RUBELLA-IgG、RUBELLA-IgM、Toxo-IgG、Toxo-IgM 等）。

化学发光技术离不开经典免疫分析法的基本手段，后者包括三大要素：①抗原（Ag）抗体（Ab）反应及其复合物（Ag-Ab）的形成；②结合物和游离物的分离；③示踪物的定量检测。

# 一、发光免疫分析的种类

发光免疫分析是一种利用物质的发光特征，即辐射光波长、发光的光子数，与产生辐射的物质分子的结构常数、构型、所处的环境、数量等密切相关，通过受激分子发射的光谱、发光衰减常数、发光方向等来判断该分子的属性，以及通过发光强度来判断物质的量的免疫分析技术。

（1）根据标记物的不同，发光免疫分析有下列 5 种分析方法。

1）化学发光免疫分析。其标记物为氨基酰肼类及其衍生物，如 5-氨基邻苯二甲酰肼（鲁米诺）等。

2）化学发光酶免疫分析。先用辣根过氧化物酶标记抗原或抗体，在反应终点再用鲁米诺测定发光强度。

3）微粒子化学发光免疫分析。其标记物为二氧乙烷磷酸酯等。

4）生物发光免疫分析。荧光素标记抗原或抗体，使其直接或间接参与发光反应。

5）电化学发光免疫分析。所采用的发光试剂标记物为三氯联吡啶钌$[Ru（bpy）_3]^{2+}$+N 羟基琥珀酰胺酯。此种分类方法较常用。

（2）根据发光反应检测方式的不同，发光免疫分析可分为下列 3 种主要的测定方法。

1）液相法。免疫反应在液相中进行，反应后经离心或分离，再测定发光强度。所用分离方式包括葡聚糖包被的活性炭末、Sephadex G-25 层析柱、第二抗体等。

2）固相法。将抗原抗体复合物结合在固相载体（如聚苯乙烯管）或分离介质上（如磁性微粒球、纤维素、聚丙烯酰胺微球等），再测定发光强度，此法较常用。试验原理与固相 RIA 和酶联免疫吸附测定（ELISA）方法基本相同。

3）均相法。如均相酶免疫测定一样，在免疫反应后，不需要经过离心或分离步骤，即可直接进行发光强度检测。其原理是某些化学发光标记物（如甾体类激素的发光标志物）与抗体或蛋白结合后，就能增强发光反应的发光强度。在免疫反应体系中，标记的抗原越多，光强度增加越大，因而免除了抗原抗体复合物与游离抗原、抗体分离的步骤。

# 二、发光标记物

在发光免疫分析中所使用的标记物可分为 3 类，即发光反应中消耗掉的标记物、发光反应中起催化作用的标记物及酶标记物。这种分类方法在发光免疫分析的应用，对标记物的选择、检测方案和测定条件的确定以及数据的评价等都有实际意义。

**1. 直接参与发光反应的标记物** 这类标记物在发光免疫分析过程中直接参与发光反应，它们在化学结构上有发光的特有基因。一般这类物质没有本底发光，可以精确地测定低水平的标记物，并且制备标记物的偶联方法对发光的影响不大。因此，这类标记物非常类似于放射性核素标记物。

（1）氨基苯二酰肼类：主要是鲁米诺和异鲁米诺衍生物。鲁米诺是最早合成的发光物质，也是一种发光标记物。但鲁米诺偶联于配体形成结合物后，其发光效率降低。而异鲁米诺及其衍生物（如氨丁基乙基异鲁米诺）则克服了这一缺点，是比较成功的标记物。

（2）吖啶酯类：吖啶酯是一类发光效率很高的发光剂，可用于半抗原和蛋白质的标记。用于标记抗体时，有利于双位点免疫化学发光分析的建立，可用于多抗或单抗的标记。

（3）三氯联吡啶钌$[Ru（bpy）_3]^{2+}$：此标记物是用于电化学发光的新型标记物，经电化学激发而发射电子，但一定在与抗体或抗原结合成复合物以后才有特异性反应，在标记抗体或抗原之前，需要化学修饰为活化的衍生物三氯联吡啶钌$[Ru（bpy）_3]^{2+}$+N 羟基琥珀酰胺酯（NHS）。该衍生物为水溶性，可与各种生物分子结合成稳定标记物，分子量很小，不影响电化学发光的免疫活性。

**2. 不参与发光反应的标记物** 这类标记物作为反应的催化剂或者作为一种能量传递过程中的受体，不直接参与化学发光反应。在这类发光体系中，标记物不影响总的光输出，而是加入标记物后起反应的发光物质越多，体系产生的光越强。

（1）过氧化物酶：这类标记酶主要是辣根过氧化物酶（HRP）。它在碱性条件下，对鲁米诺和过氧化氢的反应起催化作用。

（2）荧光素酶：是催化荧光素与腺苷三磷酸（ATP）的酶，也可作为一种标记酶使用。

（3）荧光素：荧光素作为反应体系中一种能量传递的受体，在反应中不被消耗。在这类发光反应中，体系所发出的光与荧光物质的浓度成正比，所以它可作为标记物用于化学发光免疫测定。

（4）三丙胺（TPA）：三丙胺类似酶免疫测定（EIA）中的底物，是电化学发光（ECL）中的电子供体，氧化后生成的中间产物是形成激发态三氯联吡啶钌[Ru（bpy）$_3$]$^{2+}$ 的化学能来源。

**3. 酶标记物** 利用某些酶作为标记物，通过标记物催化生成的产物，再作用于发光物质，以产生化学发光或生物发光。这种方法对分析物的检测极限有赖于所形成产物的量。

（1）葡萄糖氧化酶：能催化葡萄糖氧化为葡萄糖酸并形成过氧化氢，所形成的过氧化氢可以通过加入鲁米诺和适当的催化剂而加以检测。应用葡萄糖氧化酶作标记物对被标记物进行检测，其检测极限量可达 10～17mol/L。

（2）碱性磷酸酶：以碱性磷酸酶为标记物，以 ATP 为底物，运用荧光素酶-ATP 发光体系进行检测，可以建立多种高灵敏度的发光免疫分析方法。

# 第二节 化学发光免疫分析技术的基本原理

化学发光免疫分析包括免疫分析和化学发光分析两个系统。免疫分析系统是将化学发光物质或酶作为标记物，直接标记在抗原或抗体上，经过抗原与抗体反应形成抗原-抗体免疫复合物。化学发光分析系统是在免疫反应结束后，加入氧化剂或酶的发光底物，化学发光物质经氧化剂的氧化，形成一个处于激发态的中间体，中间体发射光子释放能量以回到稳定的基态，其发光强度可以利用发光信号测量仪器进行检测。根据化学发光标记物与发光强度的关系，可利用标准曲线计算出被检测物的含量。

化学发光免疫分析根据标记物的不同可分为三大类，即化学发光免疫分析、化学发光酶免疫分析和电化学发光免疫分析。

**1. 化学发光免疫分析** 化学发光免疫分析（chemiluminescence immunoassay，CLIA）是用化学发光剂直接标记抗体或抗原的一类免疫测定方法。

化学发光的原理是在一个反应体系中 A、B 两种物质通过化学反应生成一种激发态的产物（C·），在回到基态的过程中，释放出的能量转变成光子（能量 $hv$）从而产生发光现象，其反应式为

$$A+B \longrightarrow C·$$
$$C· +D \longrightarrow C+ D·$$
$$D· \longrightarrow D+hv$$

式中，$h$ 为普朗克常量；$v$ 为发射光子的频率；D 为标记物。

化学发光反应可在气相、液相或固相体系中产生，其中液相发光对生物学和医学研究最为重要。溶液中的化学发光从机制上讲包括三个步骤：反应生成中间体；化学能转化为电子激发态；激发分子辐射跃迁回到基态。

在化学发光免疫测定中，主要存在两个部分，即免疫反应系统和化学系统。

目前常见的标记物主要为鲁米诺类和吖啶酯类化学发光剂。

（1）鲁米诺类标记的化学发光免疫分析：鲁米诺类物质的发光为氧化反应发光。在碱性溶液中，鲁米诺可被许多氧化剂氧化发光，其中以 $H_2O_2$ 最为常用。因发光反应速度较慢，需添加某些酶类或无机催化剂。酶类主要是 HRP，无机类包括 $O_3$、卤素和 $Fe^{3+}$、$Cu^{2+}$、$Co^{2+}$

和它们的配合物。该方法早期主要用于无机物和有机生物小分子的测定，灵敏度因标记后发光强度的降低而降低。后来，人们发现发光体系中加入某些酚类及其衍生物、胺类及其衍生物和苯基硼酸衍生物对体系的发光均有显著的增强作用，发光强度可提高 1000 倍，并且"本底"发光显著降低，发光时间也得到延长。这些增强剂的使用，使化学发光免疫分析在蛋白质、核酸分析领域得到广泛的应用。鲁米诺发光显微图像，如图 3-1 所示。

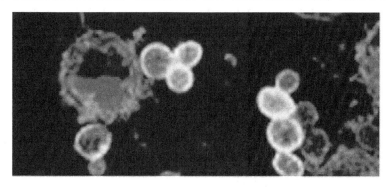

图 3-1 鲁米诺发光显微图像

（2）吖啶酯类标记的化学发光免疫分析：由于吖啶酯用于 CLIA 的热稳定性不是很好，人们经研究合成了更稳定的吖啶酯衍生物。在 $H_2O_2$ 和 $OH^-$ 条件下，吖啶酯类化合物能迅速发光，量子产率很高，如吖啶芳香酯的量子产率可达 0.05。吖啶酯类作为标记物用于免疫分析，其发光体系简单、分析快速，不需要加入催化剂，且标记效率高，本底浓度噪声低。图 3-2 所示为吖啶酯类标记的化学发光免疫分析的基本原理。

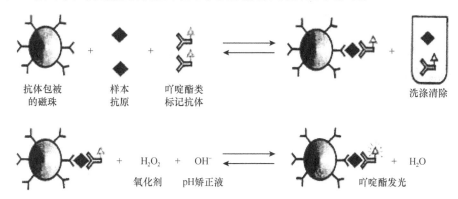

图 3-2 吖啶酯类标记的化学发光免疫分析原理

**2. 化学发光酶免疫分析** 化学发光酶免疫分析（chemiluminescent enzyme immunoassay，CLEIA）属于酶免疫分析，只是酶反应的底物是发光剂，操作步骤与酶免疫分析完全相同：以酶标记生物活性物质进行免疫反应，免疫反应复合物上的酶再作用于发光底物，在信号试剂作用下发光，用发光信号测定仪进行发光测定。目前常用的标记酶为辣根过氧化物酶（horseradish peroxidase，HRP）和碱性磷酸酶（alkaline phosphates，ALP），它们有各自的发光底物。HRP 最常用的发光底物是鲁米诺及其衍生物。在 CLEIA 中，使用过氧化物酶标记抗体进行免疫反应后，利用鲁米诺作为发光底物，在过氧化物酶和起动发光试剂（NaOH 和 $H_2O_2$）作用下鲁米诺发光，酶免疫反应物中酶的浓度决定了化学发光的强度。传统的化学发光体系（HRP-H₂O₂-LUMINOL）在几秒内瞬时闪光，存在发光强度低、不易测量等缺点。后来，在发光系统中加入增强发光剂，以增强发光信号，并在较长的时间内保持稳定，便于重复测量，从而提高了分析的灵敏度和准确性。

碱性磷酸酶（ALP）已广泛用于酶联免疫分析和核酸杂交分析。碱性磷酸酶和 1,2-二氧环己烷（AMPPD）构成的发光体系是目前最重要、最灵敏的一类化学发光体系。这类体系中具有代表性的是 ALP-AMPPD 发光体系。在溶液中 AMPPD 的磷酸酯键很稳定，非酶催化的水解非常慢，在 pH=12，5℃的 0.05mol/L 碳酸钠缓冲溶液中，其分解半衰期可达 74 年，几乎没有试剂本身的发光背景。AMPPD 为磷酸酯酶的直接发光底物，可用来检测碱性磷酸酶或抗体、核酸探针及其他配基的结合物，如图 3-3 所示。ALP-AMPPD 发光体系具有非常高的灵敏度，对标记物 ALP 的检测限达 $10^{-21}$mol/L，是最灵敏的免疫测定方法之一。如今，人们对 AMPPD 加以改进，获得了具有更好反应动力学和更高灵敏度的新一代产物：CSPD、CDP-Star。这些体系已广泛用于各种基因、病原体 DNA 的鉴定。

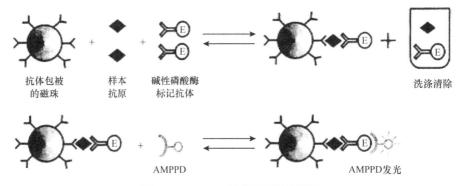

图 3-3　AMPPD 反应及其发光原理

**3. 电化学发光免疫分析**　电化学发光（electrochemiluminescence，ECL）是一种在电极表面引发的特异性化学发光反应，参与反应的发光试剂标记物为三氯联吡啶钌[Ru（byp）₃]²⁺，另一种试剂是三丙胺（TPA）。在阳极表面，以上两种电化学活性物质可同时失去电子发生氧化反应，2 价的[Ru（byp）₃]²⁺标记物被氧化成 3 价的[Ru（byp）₃]³⁺标记物，TPA 被氧化成阳离子自由基 TPA⁺·，TPA⁺·很不稳定，可自发地释放一个质子而变成自由基 TPA·，其为强还原剂，可将一个电子传递给 3 价的[Ru（byp）₃]³⁺，形成激发态的[Ru（byp）₃]²⁺·，而 TPA 自身被氧化成氧化产物。激发态的[Ru（byp）₃]²⁺·在衰减的同时发射一个波长为 620nm 的光子，重新形成基态的[Ru（byp）₃]²⁺。以上发光反应在电极表面不断循环进行，产生许多光子，使光信号增强。

电化学发光分析技术和其他免疫技术相比具有十分明显的优点：①三氯联吡啶钌可与蛋白质、半抗原激素、核酸等各种化合物结合，因此检测项目很广泛。②磁性微珠包被采用"链霉亲和素-生物素"新型固相包被技术，使检测的灵敏度更高，线性范围更宽，反应时间更短。目前该技术已广泛应用于抗原、半抗原及抗体的免疫检测。

ECL 的突出优点：

（1）标记分子小，可实现多标记，标记物非常稳定。

（2）发光时间长，灵敏度高。

（3）光信号线性好，动力学范围宽，超过 6 个数量级。

（4）可重复测量，重现性好。

（5）可实现多元检测和均相免疫分析。

（6）分析快速，完成一个样品的分析通常只需 18min。

（7）可实现全自动化。

# 第三节 化学发光免疫分析技术的应用

本节以深圳迈瑞生物医疗电子股份有限公司的CL-1000i全自动化学发光免疫分析系统为例，说明其测量原理、检测方法和系统结构。

CL-1000i全自动化学发光免疫分析系统是迈瑞公司于2015年推出的新一代高效、灵活的全自动化学发光免疫分析产品。

## 一、测 量 原 理

CL-1000i全自动化学发光免疫分析系统主要应用两种测量原理：夹心法和竞争法。两种方法均可用于大分子待测物的检测，如人绒毛膜促性腺激素（HCG）、乙肝病毒核心抗体（anti-HBc），其中竞争法通常适用于小分子待测物的检测，如FT4、E2。

**1. 夹心法** 夹心法包括测试抗原的双抗体夹心法和测试抗体的双抗原夹心法。以两步双抗体夹心法为例，此方法适用于抗原决定簇多于两个的多价抗原。其反应原理是先把特异性抗体固定在固相上，然后加入待测样本（含待测抗原）与固相抗体孵育反应，洗涤除去样本中未与固相抗体结合的杂质，再加入标记抗体孵育使其与抗原在另一个决定簇结合形成抗体-抗原-标记抗体夹心结合物，分离固液相并洗涤，最后加入发光基液进行发光反应并测试。其原理图如图3-4所示。

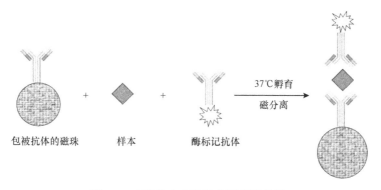

包被抗体的磁珠　　　样本　　　酶标记抗体　　　37℃孵育　磁分离

图 3-4 双抗体夹心法反应原理示意图

**2. 竞争法** 竞争法可用于抗原和半抗原的定量测定，也可对抗体进行测定。竞争法适用于小分子待测物的检测。以抗原测定为例，其反应原理是先将特异性抗体固定在固相上，然后同时加入含待测抗原的样本和标记抗原，孵育使待测抗原和标记抗原与固相抗体竞争结合，洗涤除去未反应的待测抗原和标记抗原，加入发光基液进行发光并测试。其原理图如图3-5所示。

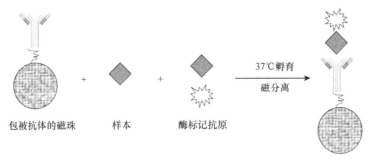

图 3-5 双抗原竞争法反应原理示意图

# 二、检 测 方 法

在检测方法上，本仪器采用了一步法和两步法，两者的区别主要在于反应所需的步骤。一步法中包含一次孵育和一次磁分离，而两步法中包含两次孵育和一次或两次磁分离。

**1. 一步法** 一步法的反应过程包括：加待测样本、标记抗体（抗原）孵育，磁分离，加发光底物，发光检测。一般竞争法都属于一步法反应，有些双抗体夹心法也属于一步法反应。一步法反应流程示意图如图 3-6 所示。

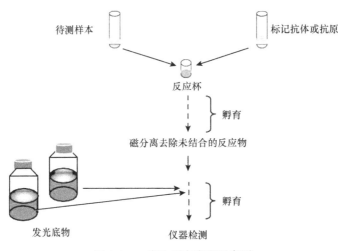

图 3-6 一步法反应流程示意图

**2. 两步法** 根据磁分离次数，两步法又分为两步法一次分离和两步法两次分离。一般夹心法都属于两步法。

两步法一次分离的反应过程包括：加待测样本、标记抗体（抗原）孵育，加标记抗体（抗原）孵育，磁分离，加发光底物，发光检测。两步法一次分离的反应流程示意图如图 3-7 所示。

两步法两次分离的反应过程包括：加待测样本、标记抗体（抗原）孵育，磁分离，加标记抗体（抗原）孵育，磁分离，加发光底物，发光检测。两步法两次分离的反应流程示意图如图 3-8 所示。

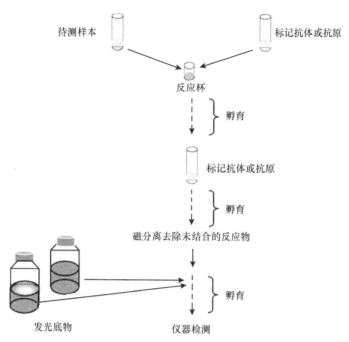

图 3-7 两步法一次分离反应流程示意图

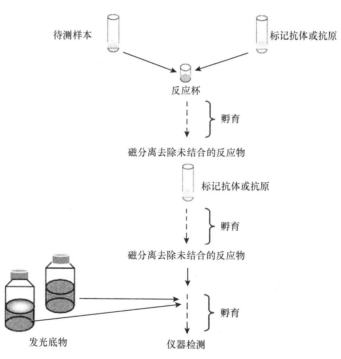

图 3-8 两步法两次分离反应流程示意图

# 三、系统结构

深圳迈瑞生物医疗电子股份有限公司全自动化学发光免疫分析系统CL-1000i采用基于1, 2-二氧环己烷（AMPPD）和碱性磷酸酶（ALP）的间接化学发光法，与配套的检测试剂共同使用，在临床上用于对来源于人体的血清、血浆样本中的被分析物进行定性或定量检测，包括激素、糖尿病、心肌标志物、肿瘤标志物及感染性疾病等相关检测项目。

**1. 整体结构**　全自动化学发光免疫分析仪由分析部、操作部（计算机系统）、结果输出部（打印机，为选配）、附件及耗材组成。

（1）分析部：由样本处理系统、试剂处理系统、样本试剂分注系统、反应杯转运系统、反应液混匀系统、磁分离系统、底物系统、光测反应系统组成。包括以下组件：加样针、抓杯手、试剂盘、反应盘、光度计、磁分离模块、进样系统、选配样本条码扫描系统和试剂条码扫描系统。

（2）操作部：一台装有全自动化学发光免疫分析仪操作软件的计算机，由显示器、主机、键盘、鼠标及手持条码扫描仪组成。

（3）结果输出部：是一台打印机，用于打印测试结果和其他数据，支持喷墨打印机、激光打印机和针式打印机。

（4）附件及耗材：一次性反应杯、废料箱。

CL-1000i 整机及其布局图如图 3-9 和图 3-10 所示。

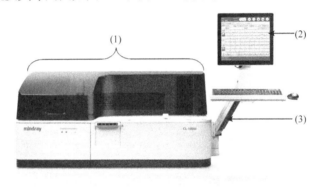

图 3-9　整机图

（1）分析部；（2）显示器；（3）显示器支架

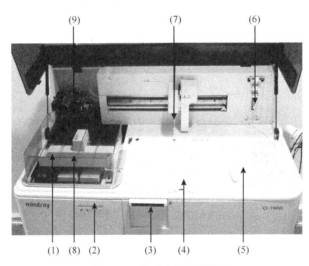

图 3-10　整机台面布局图

（1）反应杯转运系统；（2）仪器左前门（反应杯装卸处）；（3）样本存放区；（4）底物放置位置；（5）试剂盘；（6）注射器；
（7）加样针；（8）抓杯手；（9）磁分离盘

**2. 样本处理系统**　样本处理系统又称进样系统，负责将样本传送到分析部的吸样位，在吸样结束后对样本架进行集中回收。样本处理系统主要由以下几部分构成：①样本架通道；②样本架运输机构；③手持条码扫描仪（标配）、固定式条码扫描仪（选配）；④样本架。

（1）样本架通道：负责存放用于测试的样本架、回收测试完成的样本架，以及临时存放吸样完成的样本架，并准备需要重测的样本架进行重新测试。共有 6 个样本架通道，可同时存放 6 个样本架，每个样本架可以放置 10 个样本，从左向右依次定义为 1#～6#，6#位默认为急诊通道。样本存放区如图 3-11 所示。

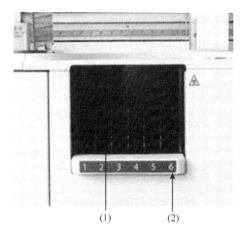

图 3-11　样本存放区
（1）样本架通道；（2）样本架状态指示灯

（2）样本架运输机构：包括卡槽和相关驱动机构。可作 $X$ 向、$Y$ 向和 $Z$ 向运动，将样本架在不同工作位置之间转移：样本架存放通道—扫描通道—吸样位—样本架存放通道。

（3）条码扫描通道：位于样本存放区的左侧。当样本架通道的样本架经过扫描通道时，条码扫描仪自动扫描样本架和样本管上的条码，识别样本架编号及样本信息。

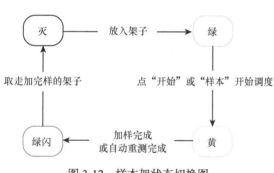

图 3-12　样本架状态切换图

（4）样本架状态指示灯：每个通道上的样本架状态指示灯用于指示样本架的取放操作，样本架状态的切换如图 3-12 所示。

当指示灯变为黄色时，不可对该通道做任何操作，否则仪器将启动报警。当绿灯闪烁时，取走通道上的样本架。

（5）样本架：一个样本架共有 10 个样本位。规格不同的样本管，要求的最小样本量也不同。必须保证每个样本管的最小样本量，否则可能会导致吸样错误。如果样本量小于死体积量，测试前将样本转移至小的样本管中。样本管的最小样本量为测试所需的样本量与样本管的死体积之和。

各样本管的规格及死体积如表 3-1 所示。

表 3-1　样本管规格及死体积

| | 规格 | 死体积 |
|---|---|---|
| 微量杯 | Φ14mm×25mm, 0.5ml（贝克曼样本杯） | 50μl |
| | Φ14mm×25mm, 2ml（贝克曼样本杯） | 150μl |
| | Φ12mm×37mm, 2ml（日立标准杯） | 100μl |
| 原始采血/塑料试管 | Φ12mm×68.5mm | 高于不可用样本 8mm |
| | Φ12mm×99mm | |
| | Φ12.7mm×75mm | |

续表

| | 规格 | 死体积 |
|---|---|---|
| 原始采血/塑料试管 | $\Phi$12.7mm×100mm | 高于不可用样本 8mm |
| | $\Phi$13mm×75mm | |
| | $\Phi$13mm×95mm | |
| | $\Phi$13mm×100mm | |
| | $\Phi$16mm×75mm | |
| | $\Phi$16mm×100mm | |

**3. 试剂处理系统** 负责提供测试所需的试剂，将每瓶试剂送到吸试剂位吸取试剂，然后注入反应杯中与样本进行反应，由光测反应系统分析反应液中所申请的项目参数。试剂处理系统主要由以下组件构成：①试剂盘组件；②试剂盘控制按钮；③试剂条码扫描组件；④试剂瓶。

（1）试剂盘：采用圆盘式结构设计，位于分析部台面的右侧，用于承载试剂瓶，将每个试剂瓶转到吸试剂位，等待加样针吸取试剂。

试剂盘共有 25 个试剂位，支持条码扫描和磁珠试剂的旋转混匀。

试剂盘具有 24 小时不间断制冷功能，冷藏温度为 2～8℃，可以保证试剂瓶中的试剂始终保存在低温环境中，确保试剂性质稳定。试剂盘如图 3-13 所示。

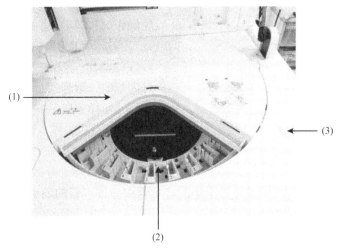

图 3-13　试剂盘
（1）试剂盘盖；（2）试剂盘；（3）试剂盘控制按钮

试剂盘盖为分体式，装载或更换试剂时，只需逆时针旋转试剂盘盖上的手柄，打开试剂盘前侧的局部盖子即可。

（2）试剂盘控制按钮：位于试剂盘的右侧，用于装载或卸载试剂时旋转试剂盘。按钮按下时试剂盘持续旋转，按钮释放时停止旋转。

只有当试剂盘盖打开时，控制按钮才可以使用；盘盖盖上时，控制按钮无效。试剂盘按钮指示灯有三种状态。

闪：试剂盘盖被开启或暂停等待盘盖关闭。

亮：仪器正在使用试剂盘，不允许开启试剂盘盖，否则会导致故障。

灭：试剂盘未使用，可以打开盘盖。

（3）试剂条码扫描组件：位于试剂盘的右下角，主要由以下组件构成：①试剂条码扫描仪；②条码标签；③控制条码扫描的硬件和软件。

将试剂装载到试剂盘上后，盖上试剂盘盖，系统自动扫描所有试剂位，获取试剂信息，并显示在界面上。

（4）试剂瓶：用于盛装常规测试项目的试剂，一个试剂仓位分成 4 个组分，为一体式结构；每个试剂位只能放置一瓶试剂。试剂瓶如图 3-14 所示。

1）试剂瓶规格：支持 4 组分；支持 50 人份/瓶和 100 人份/瓶；穿刺式试剂瓶。

2）试剂混匀：试剂瓶采用齿轮旋转混匀方式，借助瓶体内部的两个肋片对试剂进行搅动，以达到混匀的目的。

**4. 样本试剂分注系统** 负责样本和试剂的加注，以及加样针的清洗。

样本试剂分注组件位于仪器的左前方，由加样针、针摇臂、针驱动装置、注射器和相关的液路组成，主要用于从样本管中吸取指定量的样本和试剂，并注入反应杯中。样本试剂分注组件如图 3-15 所示。

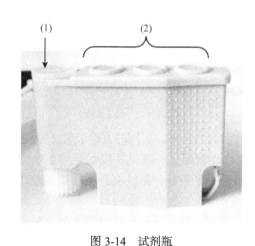

图 3-14 试剂瓶

（1）磁珠试剂；（2）缓冲液、样本处理液和酶标试剂

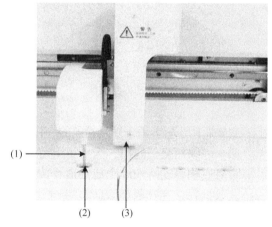

图 3-15 样本试剂分注组件

（1）加样针；（2）清洗池；（3）加样针驱动机构

一根加样针，用于吸排样本及试剂。样本的加样量为 $10 \sim 200\mu l$，以 $1\mu l$ 加样量递增。

试剂的加样量为 $20 \sim 200\mu l$，$1\mu l$ 递增。一步法最多加入 3 种试剂组分，两步法最多加入 4 种试剂组分。

除了基本的吸样功能，加样针还具有以下功能。

（1）堵针检测：可以准确地检测加样针是否堵塞。如果加样针被堵，系统发出警告并自动清洗加样针。

（2）横向防撞：可以检测水平方向上的障碍物。如果发生碰撞，自动防护系统启用，防止加样针损坏。

（3）纵向防撞：可以检测垂直方向上的障碍物。如果发生碰撞，自动防护系统启用，防止加样针损坏。

（4）液面检测：可以自动检测样本管和试剂瓶内的液面。

加样针清洗采用真空辅助深孔清洗池，使用分离液对针内壁和外壁进行清洗。针强化清洗液放置在台面的强化清洗位上。

加样注射器位于分析部右后部，如图 3-16 所示。

**5. 底物系统** 底物系统负责底物的注入和预热，通过磁分离盘上的底物注入口向完成了磁分离的反应杯中注入经过预热的底物，底物首先经过磁分离盘的孵育和反应盘的孵育，然后进行测光。底物系统由底物瓶、底物注入模块和底物预热模块组成。底物系统如图 3-17 所示。

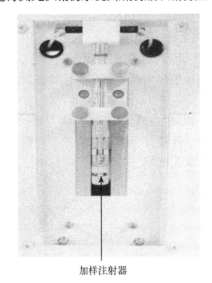

图 3-16　加样注射器

加样注射器

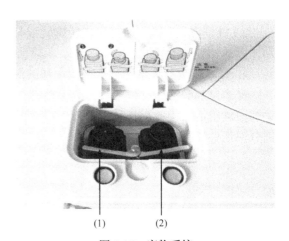

(1)　　　　(2)

图 3-17　底物系统

（1）底物 1；（2）底物 2

底物瓶用于盛装用于发光检测的底物，位于操作台面右前方，可同时并排装置 2 瓶底物。两个底物瓶交替使用，当一瓶用完后，系统会自动转用另一瓶，并提示及时更换。

每瓶底物可支持 500 个或 300 个测试。底物可以手工装载，系统支持手持式底物条码扫描获取批号、有效期等信息。

底物状态更新按钮位于底物瓶旁的台面板上，共有两个按钮，分别与两个的底物瓶对应。更换底物后，按一下相应的按钮，系统自动更新相应底物的状态，如图 3-18 所示。

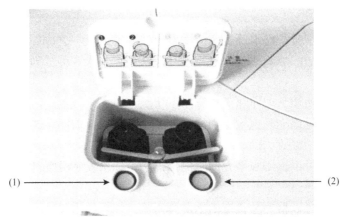

(1)　　　　　　　　　　　　　　　　(2)

图 3-18　底物状态更新按钮

（1）底物状态更新按钮 1；（2）底物状态更新按钮 2

除了用于更新底物状态，底物状态更新按钮还具有指示灯功能，用于显示对应底物瓶的不同状态和指示用户操作。

如果选用仪器的默认使用模式，两个底物瓶交替使用，则指示灯具有以下状态。

亮：该底物正在使用中，不允许更换。

闪：该底物已过期或为空，需要更换。

灭：该底物为满，备用，不需要更换。

如果只使用一瓶底物，则指示灯具有以下状态。

亮：该底物正在使用中，不允许更换。

闪：该底物已过期或为空，需要更换。

灭：该底物未装载。

底物注入模块位于分析部的右下方。通过穿刺操作台面右下方底物瓶底部的胶塞，吸取底物，然后注入磁分离盘上的反应杯内，完成发光反应和光测。底物注入量为200μl。

底物预热模块位于磁分离机构的下方，在底物注入反应杯前对底物进行预热，以便更好地完成发光反应。

**6. 光测反应系统**　光测反应系统由反应盘组件和光度计模块组成，主要用于承载反应杯，为反应液提供适宜、恒定的工作温度，并将每个反应杯送至测光位采集信号，用以计算反应液的发光强度。

反应盘采用圆盘式结构设计，位于分析部台面的左后方，如图3-19所示。反应盘分为内、中、外三圈，每圈各25个反应杯位，共75个反应杯位。内圈和中圈用于样本和试剂的孵育反应，外圈用于加试剂、底物孵育和测光。

反应盘具有温度控制功能，可以提供（37±0.3）℃的恒温环境（设定值），温度波动度为±0.2℃（实际值）。

反应杯采用一次性塑料杯，用于盛装反应液，进行孵育和光学检测。每个测试结束后，系统自动将反应杯卸载，抛入废料箱中。

图3-19　反应盘
（1）反应盘；（2）反应杯缓存区

光度计模块由光子计数模块和参考模块组成。

光子计数模块对待测液体的发光强度进行检测，通过校准曲线计算样本中待测物的浓度。

参考模块通过LED提供光强稳定的光输出，用于光子计数模块的校准，在光度计诊断中对计数稳定性和重复性进行评价。测量波长为500~600nm。

**7. 磁分离系统**　系统支持四阶磁分离，当样本和磁珠试剂孵育反应完成后，使用分离液将结合到磁微粒的样本试剂反应物从液相中分离出来。磁分离系统由磁分离盘和磁分离机构组成，如图3-20所示。

反应杯依次经过磁分离系统的各阶吸排液机构，完成注液、磁分离和吸液动作。

图 3-20　磁分离系统

磁分离系统采用分离液对样本试剂反应液进行四阶磁分离，使反应液中的磁微粒复合物从反应液中分离出来。四阶分离的流程如下。

（1）第一阶清洗：加入分离液，进行磁分离，然后吸液。

（2）第二、三、四阶清洗：加入分离液，变向旋转混匀，进行磁分离，吸液磁分离的温度为（37±0.3）℃（设定值），波动度为±0.2℃（实际值）。

反应杯转运系统

图 3-21　反应杯转运系统

**8. 反应杯转运系统**　反应杯转运系统位于仪器左前部，用于完成一次性反应杯在整机中的装载、转运和丢弃动作，如图 3-21 所示。

仪器左前部有 2 个独立取放反应杯托盘的杯托盘装载位，将反应杯托盘放入这两个位置后，抓杯手夹持反应杯从反应杯托盘中取出，并在混匀位、稀释位、反应盘及磁分离盘之间转运，最后丢入废料箱。通过更换反应杯托盘及废料箱，完成耗材的更换。

反应杯放在托盘上，然后手动放入反应杯托盘装载位，可同时加载 2 个反应杯托盘，每个托盘的反应杯数为 88 个（11×8），即每次最多可加载 176 个反应杯。放入或取出反应杯托盘时，应根据前面板的反应杯托盘指示灯状态操作：

亮：该反应杯托盘正在使用中，不允许拉出抽屉。

闪：反应杯托盘空、在界面上点击装载该托盘、该托盘被取走。需要放入新反应杯托盘或取出废反应杯托盘。

灭：反应杯托盘未在使用，此时可以拉出抽屉。托盘 2 被屏蔽后，其对应的指示灯一直处于灭的状态。

抓杯手负责抓取反应杯，在反应杯盒工作位、加样位、稀释位、抛杯位和反应盘之间转运。抓杯手可呈三维直线运动，具备防撞功能。

仪器设有一个废料箱，收集从抛杯位抛弃的反应杯，废料箱至少可容纳 200 个反应杯，如图 3-22 所示。为了保证测试正常进行，请根据仪器前面板的废料箱指示灯状态判断是否需要清空废料箱：

闪：废料箱满，需要清空，或废料箱不在，需要加载废料箱。

灭：废料箱未满，允许清空。

亮：正常使用中。

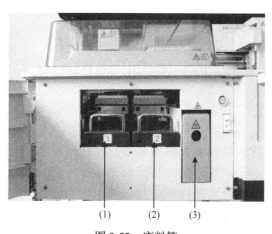

图 3-22　废料箱

（1）反应杯托盘抽屉 1；（2）反应杯托盘抽屉 2；（3）废料箱

**9. 反应液混匀系统**　反应液混匀系统通过漩涡混匀器，对各种测试流程中的混合物混匀，具体如下。

（1）样本自动稀释：待稀释样本和样本稀释液的混匀。

（2）一步法：样本和试剂的混匀。

（3）两步法一次分离：样本和第一步试剂的混匀，样本试剂反应混合液和第二步试剂的混匀。

（4）两步法两次分离：样本和第一步试剂的混匀，磁微粒产物和第二步试剂的混匀。漩涡混匀器具有混匀转速检测功能。

反应液混匀系统如图 3-23 所示。

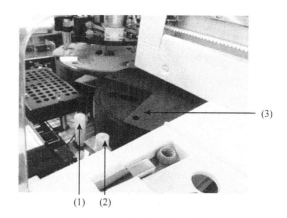

图 3-23　反应液混匀系统

（1）稀释样本位；（2）混匀及加样位；（3）反应盘

# 复习思考题

1. 发光免疫分析技术的检测项目有哪些？

2. 化学发光免疫分析法根据标记物的不同可分为哪三类？

3. 简述化学发光免疫分析原理。

4. 简述化学发光酶免疫分析原理。

5. 简述电化学发光免疫分析原理。

# 第四章 无创诊断分析技术

在无创性实验室诊断中，无须通过穿刺等损伤过程获取实验标本（如血液、穿刺液等）就能得到实验结果。本章以无创脉搏式血氧饱和度监测技术、无创血糖监测技术和基于呼吸气体活检的无创肿瘤检测技术为例进行说明。

## 第一节 无创脉搏式血氧饱和度监测技术

光电容积脉搏波描记法（photoplethysmography，PPG）是借助光电手段在活体组织中检测血液容积变化的一种无创检测方法。当一定波长的光束照射在皮肤表面时，光束将通过透射方式或反射方式传送到光电接收器。在此过程中，由于受到皮肤、肌肉组织和血液的吸收衰减作用，光电接收器检测到的光强度将会减弱。其中，皮肤、肌肉组织和静脉血等对光的吸收在整个血液循环中是保持恒定不变的，而皮肤内的血液容积在心脏收缩舒张作用下呈脉动性变化。当心脏收缩时外周血管血容量最多，光吸收量也最大，检测到的光强度最小；而在心脏舒张时，正好相反，外周血管血容量最少，检测到的光强度最大，光电接收器检测到的光强度随之呈脉动性变化，如图 4-1 所示。再将此光强度变化信号转换成电信号，将此电信号经放大后便可获得容积脉搏血流的变化，如图 4-2 所示。

光电容积脉搏波描记法并不需要昂贵的仪器设备，且操作简单、性能稳定，具有无创伤和适应性强等诸多优点，因此受到国内外医学界的普遍重视，更是在人体血压、血流、血氧、肌氧、微循环外周血等无创检测中得到了广泛应用。脉搏式血氧饱和度的测量包括两种检测方式：光电容积脉搏波描记法的透射式脉搏血氧计和光电容积脉搏波描记法的反射式脉搏血氧计，如图 4-3 所示。

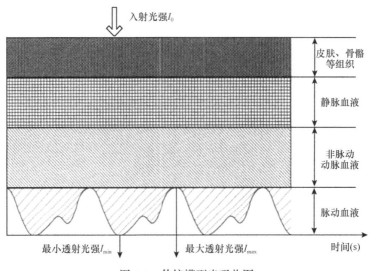

图 4-1 传统模型光吸收图

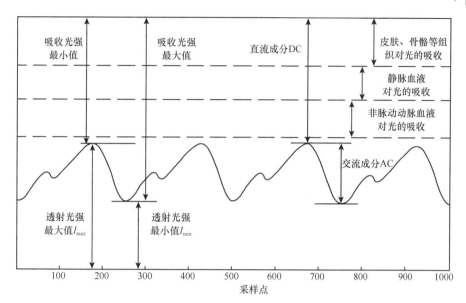

图 4-2　光电传感器电流输出信号成分分析

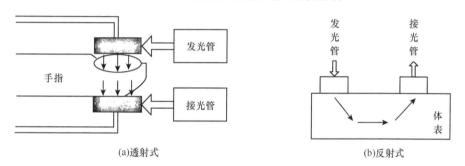

(a)透射式　　　　　　　　　　　　　　(b)反射式

图 4-3　PPG 的两种方式

在常用的无创脉搏式血氧饱和度检测模型中，通常将动脉血液对光的吸收量分成两部分，当透光区域动脉血管搏动时，动脉血液对光的吸收量将随之变化，称为脉动量或交流量（alternating current，AC）；而皮肤、肌肉、骨骼和静脉血等其他组织对光的吸收是恒定不变的，称为直流量（direct current，DC）。

图 4-2 所示的交流成分 AC 是被放大了的。实验结果显示，光电传感器所转换的电流中，直流成分 DC 所占的比重远大于交流成分 AC，AC/DC 约为 3%。

考虑到动脉血中血红蛋白的主要存在形式为氧合血红蛋白（$HbO_2$）和还原血红蛋白（Hb），并且忽略由于散射、反射等因素造成的衰减，按照朗伯-比尔（Lambert-Beer）定律，当动脉不搏动时，假设光强为 $I_0$ 的单色光垂直照射人体，通过人体的透射光强为

$$I_{DC} = I_0 \cdot e^{-\varepsilon_0 C_0 L} \cdot e^{-\varepsilon_{HbO_2} C_{HbO_2} L} \cdot e^{-\varepsilon_{Hb} C_{Hb} L} \qquad (4\text{-}1)$$

式中，$\varepsilon_0$、$C_0$ 和 $L$ 分别表示组织内的非脉动成分及静脉血的总的吸光系数、光吸收物质的浓度和光路径长度；$\varepsilon_{HbO_2}$、$C_{HbO_2}$ 分别是 $HbO_2$ 的吸光系数和浓度；$\varepsilon_{Hb}$、$C_{Hb}$ 分别是 Hb 的吸光系数和浓度。

当动脉搏动、血管舒张时，假设动脉血液光路长度由 $L$ 增加了 $\Delta L$，相应的透射光强由 $I_{DC}$ 变化到 $I_{DC}\text{-}I_{AC}$。这样可将上述公式改写为下面的公式：

$$I_{DC} - I_{AC} = I_{DC} \cdot e^{-\left(\varepsilon_{HbO_2}C_{HbO_2} + \varepsilon_{Hb}C_{Hb}\right)\Delta L} \tag{4-2}$$

对上式变形求对数可以得到

$$\ln\left(\frac{I_{DC} - I_{AC}}{I_{DC}}\right) = -\left(\varepsilon_{HbO_2}C_{HbO_2} + \varepsilon_{Hb}C_{Hb}\right)\Delta L \tag{4-3}$$

由于透射光中交流成分占直流量的百分比为远小于 1 的数值，$\ln(1-x)$ 约等于$-x$，则

$$\ln\left(\frac{I_{DC} - I_{AC}}{I_{DC}}\right) = -\frac{I_{AC}}{I_{DC}} \tag{4-4}$$

上述公式可变形为

$$\frac{I_{AC}}{I_{DC}} = \left(\varepsilon_{HbO_2}C_{HbO_2} + \varepsilon_{Hb}C_{Hb}\right)\Delta L \tag{4-5}$$

下面介绍血氧饱和度。血氧饱和度定义为在全部血容量中能被结合的氧容量占全部可结合氧容量的百分比，可以用血液中结合氧的血红蛋白浓度与所有血红蛋白浓度的比值表示。实际应用中，常用动脉血氧饱和度（$SaO_2$）来代替血氧饱和度（$SO_2$）。考虑到动脉血中的血红蛋白有两种可变物：（Hb）和（$HbO_2$），可将血氧饱和度表示为

$$SaO_2 = \frac{C_{HbO_2}}{C_{HbO_2} + C_{Hb}} \times 100\% \tag{4-6}$$

人体动脉的搏动能够造成测试部位血液容量的波动，从而引起光吸收量的变化。根据组织光学相关理论选取两个波长的近红外光为介质，采用透射的方式获得指端血氧信息，能够实现无损、实时、连续监测指端血氧。

在上面的表达式中，光程长度变化是未知的，我们这时要采用双波长法分别照射被测部位，两个波长的光吸收比率 $I_{AC}$ 表示有搏动的光吸收，即交流分量，$I_{DC}$ 表示无搏动的光吸收，即直流分量。将式（4-5）与式（4-6）联立起来，得出的关系化简表示为如下表达式。

令

$$D_{\lambda_1} = \frac{I_{AC}^{\lambda_1}}{I_{DC}^{\lambda_1}}, \quad D_{\lambda_2} = \frac{I_{AC}^{\lambda_2}}{I_{DC}^{\lambda_2}} \tag{4-7}$$

$$SaO_2 = \frac{\varepsilon_{Hb}^{\lambda_2}\left(D_{\lambda_1} / D_{\lambda_2}\right) - \varepsilon_{Hb}^{\lambda_1}}{\left(\varepsilon_{HbO_2}^{\lambda_1} - \varepsilon_{Hb}^{\lambda_1}\right) - \left(\varepsilon_{HbO_2}^{\lambda_2} - \varepsilon_{Hb}^{\lambda_2}\right)\left(D_{\lambda_1} / D_{\lambda_2}\right)} \tag{4-8}$$

$$\frac{D_{\lambda_1}}{D_{\lambda_2}} = \frac{I_{AC}^{\lambda_1} / I_{DC}^{\lambda_1}}{I_{AC}^{\lambda_2} / I_{DC}^{\lambda_2}} = \frac{\varepsilon_{HbO_2}^{\lambda_1}C_{HbO_2} + \varepsilon_{Hb}^{\lambda_1}C_{Hb}}{\varepsilon_{HbO_2}^{\lambda_2}C_{HbO_2} + \varepsilon_{Hb}^{\lambda_2}C_{Hb}} \tag{4-9}$$

式中，$\varepsilon_{Hb}^{\lambda_1}$、$\varepsilon_{Hb}^{\lambda_2}$、$\varepsilon_{HbO_2}^{\lambda_2}$、$\varepsilon_{HbO_2}^{\lambda_1}$ 分别为 Hb 和 $HbO_2$ 对波长 $\lambda_1$、$\lambda_2$ 光的吸光系数。无创脉搏血氧饱和度的探头一侧装有光发射器发光二极管，入射光通过人体组织后变为射出光，再由探头另一侧的光探测器来接收，然后将光信号转变为电信号，这样就可求得血氧饱和度。

血氧饱和度监测以鱼跃的血氧检测仪作为参考（图4-4），这种设备体积小，使用方便，便于携带，有较高的临床准确性和重复性。

图4-4　鱼跃的血氧检测仪

# 第二节　无创血糖监测技术

糖尿病是一种由多种病因引起的糖代谢紊乱导致的疾病，主要表现为患者的血糖浓度较高。尽管糖尿病是一种非传染性的慢性疾病，却因严重危害人类生命健康，被称作"隐形杀手"。持续的高血糖会使人体组织器官（如心脏、血管、眼、肾和神经系统）受到损伤，从而引发多种并发症（如心脏病、脑卒中、肾衰竭、失明、残疾等）。伴随着整个社会人口结构的老龄化和营养膳食结构的改变，每年都有越来越多的人生活在糖尿病所带来的痛苦之中。根据国际糖尿病联盟（International Diabetes Federation，IDF）所提供的数据，预计到2040年全球糖尿病患者数量将从2015年的4.15亿增加至6.42亿。与此同时，2015年全球卫生总支出的12%被用于糖尿病及其并发症的治疗，并且这项医疗保健支出还在逐年攀升。根据世界卫生组织提供的数据，中国糖尿病成人患病率已接近12%，居世界首位。同时，由于我国人口基数大，糖尿病患者的数量已高达1.1亿左右。糖尿病对整个社会和经济俨然已产生巨大的影响，成为21世纪人类必须面对和解决的重要健康问题之一。常规的血糖检测都需要采血，通过电化学的方法进行测量，是一种有创的探测方式，给患者带来了诸多不便。

这里介绍一些当前比较常见的无创血糖检测方法。

## 一、测定血液替代物

**1. 唾液法**　马显光等发明了一种利用唾液进行无创血糖测量的仪器，发光二极管发出一束波长约为470nm的蓝光照射到用唾液处理的试纸上，经反射后被光敏二极管接收，试纸的颜色会随着唾液中唾液淀粉酶含量的多少而发生深浅的变化。光敏二极管会将接收到的不同高强度的光转换成不同的电流。刘琳琳等制作了一种高灵敏度的唾液葡萄糖试纸条，大大提高了试纸检测的灵敏度。这种方法的优点是采集方便，易操作；缺点是唾液成分易受情绪变化、外界环境、药物、时间等因素的影响，而且该系统的噪声较大。

**2. 泪液法**　Google曾将微型葡萄糖传感器和无线芯片嵌入双层柔性隐形眼镜材料之间，对泪液中的生物分子进行实时监测和分析，从而实现对人体健康状态的监控，如图4-5所示。

这种方法的优点是仪器原理简单，成本低。缺点是血糖含量与眼泪中葡萄糖的含量相关性很弱，同时眼泪的生成、蒸发的不稳

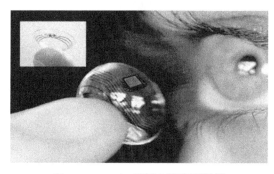

图4-5　Google无创血糖隐形眼镜

定性，都会影响测量的准确度，隐形眼镜还会受到眨眼的干扰。

**3. 汗液法**　Gao 利用基于塑料材质和硅集成电路的、多路复用的可穿戴柔性集成传感器阵列（flexible integrated sensor array，FISA），对汗液中的代谢产物（葡萄糖和乳酸）、电解质（钠钾盐）及皮肤温度（用于传感器校准）同时进行有选择性地检测，如图 4-6 所示。其信号检测原理为：

（1）葡萄糖、乳酸：氧化酶电极，Ag/AgCl 作为公共的参比电极，即零电位电极。

（2）K$^+$、Na$^+$：离子选择性电极，PVB 包裹参比电极。

（3）温度：Au/Cr 金属微丝。

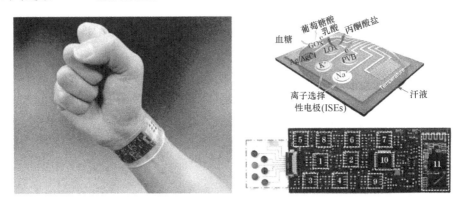

图 4-6　FISA 检测汗液中的血糖

这种方法优点是佩戴方便，结构简单；其缺点是准确性、特异性较低。

# 二、反向离子渗透法

利用反向离子分析法，当人体的皮肤通过微电流时，体内的盐分会被吸出，Cl$^-$ 和 Na$^+$ 会分别向正负极移动，此时组织内的水合葡萄糖会被带出，获得的组织液除了不含大分子蛋白质外，其他成分和血浆基本一样，进而可对组织液进行分析。

清华大学冯雪课题组研发了基于力学-化学耦合原理的电化学双通道无创血糖测量方法，通过只有 3.8μm 厚的超薄柔性生物传感器件进行高精度血糖测量，如图 4-7 所示。

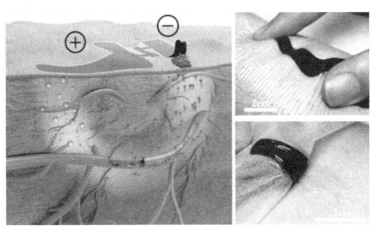

图 4-7　电化学双通道无创血糖测量方法示意图和实验图

GlucoWatch 是一款手表式的检测设备，通过给皮肤施加微弱的电流，将葡萄糖从皮肤下提取出来进行检测，是目前为止美国食品药品监督管理局（FDA）通过的唯一一款无创血糖检测仪，2001 年通过 FDA 认证，如图 4-8 所示。

美国上市公司 Echo Therapeutics（ECTE）的 Symphony 无创血糖仪，其基本原理是使用一个电动研磨头处理

图 4-8　美国加利福尼亚州 Cygnus 公司开发的 GlucoWatch

皮肤表面，将角质层磨去，到达接近真皮的程度，形成一个大约一角硬币大小的圆形，再利用一个电化学传感器装置，将皮下组织液持续吸出来，测量其中的葡萄糖浓度，属于微创测量（图 4-9）。

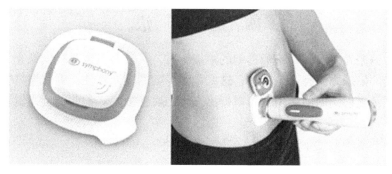

图 4-9　Symphony 无创血糖仪

反向离子渗透法的优点是低浓度血糖浓度测量准确度高。其缺点是①成本较高；②提取血糖的电流强度容易对皮肤造成损伤；③线性范围窄，高浓度测量准确度低；④抽取葡萄糖时会受到人体自身的抑制，从而使检测到的葡萄糖浓度不准确。

# 三、代谢热整合法

当人体处于静息状态时，人体代谢产生的能量主要以热能的形式散发到体外，此时，人体代谢产生的热量与血糖水平和血氧含量有关，血氧含量与血氧饱和度和血流速度有关，因此可以得出血糖浓度是人体代谢产生的热量与血流速度以及血氧饱和度的函数。可通过建立人体表面对流换热的数学模型，计算出人体局部代谢率，然后根据热清除算法计算出人体局部血流速度，最后建立整体数学模型计算出血糖浓度。

以色列 Integrity Applications 公司的 GlucoTrack（中国名字"糖无忌"）无创血糖仪由一个带触控屏幕的主机和一枚个人耳夹组成，如图 4-10 所示。检测时，只需将耳夹夹于耳垂，等待约 1min 就可以知道血糖结果。这款设备的检测原理是通过测量超声波、电磁及热量的变化，来计算血糖浓度。

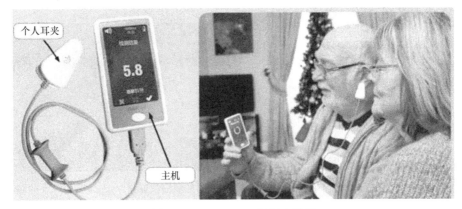

图 4-10 GlucoTrack 无创血糖仪

这种方法的优点是避免了用光谱法测量血糖时生理背景对测量结果产生的影响。其缺点是测量参数多，传感器集成难度大，参数耦合困难。

## 四、旋 光 法

当一束线偏振光入射到含有葡萄糖的溶液中时，其投射光也是线偏振光，而且偏振方向与原入射光的偏振方向有一个夹角，这就是葡萄糖的旋光特性。葡萄糖具有稳定的旋光特性，通过测量透射光的偏转角，可以得出人体的血糖浓度。葡萄糖旋光偏转角满足如下关系式：

$$\langle\alpha\rangle_{\lambda,\mathrm{pH}}^{T}=\frac{100\alpha}{L\cdot C} \tag{4-10}$$

式中，$\langle\alpha\rangle_{\lambda,\mathrm{pH}}^{T}$ 为旋光偏转角，与入射光的波长及溶液的温度、pH 有关；$\alpha$ 为偏转角；$C$ 为葡萄糖溶液的浓度；$L$ 为试样光程长。

通过计算透射光与入射光的偏转角度以及透过的溶液的光程长就可以得到所需要的葡萄糖浓度。由于眼房水中血糖浓度和血浆中血糖浓度的比值比较稳定，并且正好符合旋光法对偏振计的精度要求，因此通常选择人眼前房作为旋光法无创血糖检测的部位。

这种方法的优点是仪器结构简单，操作容易。其缺点是偏转角小，对偏振计精度要求高，测量部位为眼前房。

## 五、无线电阻抗法

血液和组织液中的电解质浓度会随着葡萄糖浓度的变化而变化，进而引起血液和组织液之间电解质浓度的失衡，从而使得离子发生定向移动，细胞膜的电特性会随着细胞膜中所经过的离子浓度的变化而变化。从宏观上看，人体的阻抗也会发生相应的变化。由频率1～200MHz 的交流电产生局部电磁场，由此感应产生人体皮肤和皮下组织的阻抗变化，该阻抗变化与钠和钾的浓度梯度有关，而钠和钾的浓度梯度反映了血糖浓度水平。

这种方法的优点是无线电在人体内干扰少。其缺点是测量精度低。

# 六、微　波　法

利用微波波谱分析技术，射入人体的微波的相位、振幅等在遇到人体血液中的葡萄糖分子时会发生改变。不同浓度的葡萄糖溶液对微波的影响不同，通过分析该微波发生的相位、振幅的变化就可以达到计算血糖浓度的目的。

# 七、近红外光谱法

应用近红外光谱分析技术进行无创血糖检测，在近红外光照射进人体之后，近红外光将会在人体组织内发生透射、漫反射等现象，利用传感器接收经过人体的光谱，在这些光谱中包含人体葡萄糖浓度的信息。

以色列无创血糖检测公司 CNOGA 开发的无创血糖仪，通过四个 LED 光源，发送波长 600～1150nm 的光谱通过手指，在光通过人体组织时，有些被吸收而改变颜色，如图 4-11 所示。影像部件会及时检测出那些改变颜色的信号。

Biocontrol Technology 公司利用近红外光谱技术研发的 Diasensor 无创血糖仪，成功拿到了欧洲统一（CE）认证已在欧洲国家销售，但还没有获得 FDA 批准未在美国上市，如图 4-12 所示。

图 4-11　CNOGA 无创血糖仪

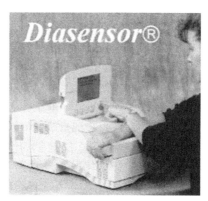

图 4-12　Diasensor 无创血糖仪

图 4-13 所示为 NEC 公司的"健糖宝"无创血糖仪，该产品在使用时只要将传感器贴在手掌上即可得到血糖值。

图 4-13　NEC "健糖宝" 无创血糖仪

这种方法的优点是测量方法简单，无须化学试剂，测量成本低。其缺点是信号弱，光谱重叠严重，生理背景时变性强，对测量结果干扰严重，测量结果易受个体差异影响。

## 八、拉曼光谱法

图4-14 MediSensors C8 无创血糖仪

拉曼光谱法利用拉曼散射效应，对与入射光频率不同的散射光谱进行分析从而得到分子振动、转动方面的信息。利用该原理就可以进行拉曼光谱无创血糖检测。

美国 MediSensors 公司的 C8 无创血糖仪采用拉曼光谱法连续测量血糖，于 2012 年成功获得 CE 认证。该设备用一根腰带紧贴皮肤束在腰间，工作时仪器用一束单色光照射皮肤，传感器部件计算出血糖浓度后将信息通过蓝牙发送到患者手机，实现对患者的血糖浓度进行持续检测的目的（图4-14）。

这种方法的优点是简单、快速，无须样品准备。其缺点是信号微弱，光谱重叠，存在荧光干扰。

## 第三节 基于呼吸气体活检的无创肿瘤检测技术

我国的癌症发病率逐年升高，癌症已成为威胁国民健康的巨大隐患。癌症发现得越早，对其的治疗就越有效。检测癌症临床常用的方法有：①无创影像方法：如 CT、超声、磁共振等，但影像方法只能发现直径 1～50px 以上的肿块，而这时肿瘤已经经过了较长时间的增长，不再属于早期诊断。②有创的诊断方法：主要是运用细胞学对组织进行活检、切片，不但耗时长，而且对人体伤害较大，最关键的是，发现时肿瘤多已处于中晚期。③无创的蛋白肿瘤标志物方法：因为肿瘤复杂多样，虽然标志物种类多但灵敏度不高，临床上多选用多种标志物联合检测，但效果有限。因此，提高癌症的早期诊断率是增加患者生存率的关键手段之一。

无创肿瘤检测技术利用新一代 DNA 测序技术，对从身体采取的几毫升静脉血进行测序分析，能够发现血浆中微小的游离 DNA 的变化，同时结合生物信息分析技术，能够实现对肿瘤的早期诊断，如遗传性妇科肿瘤。

呼吸气体分析技术在疾病诊断和代谢监测方面的无创性、实时性优势使其成为一个颇具前途的研究领域，也是未来新型诊断仪器的发展方向。相关病理学的调查和研究表明，当人体的脏器或组织出现损伤或病变之后，其功能上的变化会相应地引起代谢产物的改变。这些代谢产物进入到血液中就会引起某些代谢产物含量相对增高，通过检测代谢产物的浓度就可以诊断脏器损伤或病变的程度。人体呼吸的气体中携带有大量的生理/病理信息，且作为非侵入性样品，具有取样简便、连续可得等特点，在临床诊断和代谢组学的研究中发挥着日益重要的作用。为了分析并判断病情，目前的呼吸诊断主要根据病理及生理改变寻找一种或几种与疾病高度相关的呼吸气体成分，即生物标志物（biomarker）。小分子物质（乙醇、一氧化氮、丁烷、丙酮等）作为人体呼吸气体中的重要成分，它的存在和含量常常和人体健康有密切关系。在临床医学方面，呼吸气体中小分子物质的出现及其含量与很多疾病密切相关。呼吸气体检测具有重要的研究价值，有望成为一种新型临床检测手段。

# 一、传统气相色谱-质谱联用技术

气相色谱-质谱联用技术（gas chromatography-mass spectrometry，GC-MS）是长期以来呼吸气体分析领域最常用的手段，可对肺癌、哮喘等疾病患者的呼吸标志物实现体积分数为 $10^{-9}$ 乃至 $10^{-12}$ 量级的高精度测量。但是采用该方法对痕量气体进行分析时，需要先对气体样品进行低温富集（或其他富集方法），然后采用气相色谱（GC）进行分离，再进行质谱（MS）分析。使用 EDLAR（聚氯乙烯，超惰性材料）气袋收集呼吸气体，由于挥发性有机化合物（volatile organic compounds，VOCs）的含量只有 $10^{-12}\sim10^{-9}$ 数量级，用固相微萃取法（solid-phase microextraction，SPME）对袋内的气体预处理进行动态富集，然后用气相色谱法进行分析，通过受测气体出峰时间的标定和检测来判断呼吸气体中的 VOCs 类型，如图 4-15 所示。

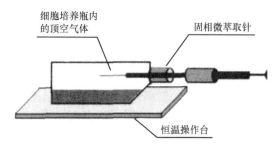

图 4-15 固相微萃取联合气相色谱技术（SPME-GCMS）结构

固相微萃取原理：以熔融石英光导纤维或其他材料为基体支持物，利用"相似相溶"原理，在其表面涂渍不同性质的高分子固定相薄层，通过直接或顶空方式，对待测物进行提取、富集、进样和解析。然后将富集了待测物的纤维直接转移到气相色谱或高效液相色谱（high performance liquid chromatography，HPLC）仪器中，通过一定的方式解吸附（一般是热解吸或溶剂解吸），然后进行分离分析（图 4-16）。图 4-17 为上海科哲的全自动固相萃取仪。

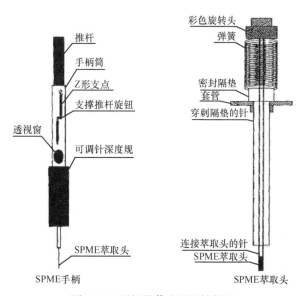

图 4-16 固相微萃取原理结构图

图 4-17　全自动固相萃取仪

气相色谱原理：气相色谱法是利用气体作流动相的色层分离分析方法。汽化的试样被载气（流动相）带入色谱柱中，柱中的固定相与试样中各组分分子作用力不同，各组分从色谱柱中流出时间不同，组分彼此分离（图 4-18）。

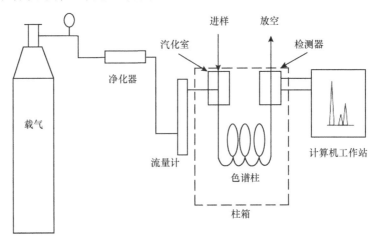

图 4-18　气相色谱原理结构图

图 4-19　岛津气相色谱仪

图 4-19 为日本岛津公司的气相色谱仪。

研究表明，肺癌患者的呼吸气体中含有的 VOCs 主要是烷烃类和苯的衍生物，包括乙烷、戊烷、环戊烷、庚烷、苯、苯乙烯等，与非肺癌人群在组成比例和量上存在明显的区别，为肺癌的临床诊断提供了可能的依据。

由于气相色谱质谱联用技术（GC-MS）单个样品的分析通常需要 1h 左右，而且想要得到该样品的绝对浓度，还需要进行定标（外标法、内标法或归一化法）。在这一分析过程中，样品的采集与低温富集处理会带来误差，从而注定了目前 GC-MS 无法满足呼吸气体分析领域未来发展的要求。

# 二、直接质谱法

质谱法因其灵敏度高、特异性好、响应速度快等优点在呼吸气体分析检测中得到了广泛的应用。由于呼吸气体中含有大量的挥发性有机化合物（VOCs），所以传统检测呼吸气体的质谱方法以气相色谱质谱联用（GC-MS）为主，但是这种方法耗时费力，不能满足实时在线检测的需求。此外，在采样或浓缩过程中还可能造成样品污染或损失从而对检测结果产生干扰。直接质谱法无须对样品进行分离、富集、衍生化等前处理过程，从而避免了样品污染和损耗，能够实现呼吸气体实时、在线检测分析。直接质谱法分析呼吸气体成分的方法主要有三种。

（1）质子转移反应质谱（proton transfer reaction mass spectrometry，PTR-MS）：是由 Lindinger 等结合化学电离源技术与流动漂移管模型技术而提出的一种基于质子转移反应的软电离质谱技术。目前，质子转移反应质谱（PTR-MS）主要应用于实时在线检测气体样品中的痕量 VOCs。如图 4-20 所示，纯净的水蒸气经过空心阴极放电电离源产生质子化的水分子（$H_3O^+$），$H_3O^+$ 经过放电区域后进入漂移管，在漂移管中 $H_3O^+$ 与待测的 VOCs 样品发生碰撞，由于大多数 VOCs 质子亲和势大于水，$H_3O^+$ 与 VOCs 发生质子转移反应，$H_3O^+$ 将质子转移给待测 VOCs 使其离子化，离子化的 VOCs 再经过质谱进行分析检测。质子转移反应公式为

$$H_3O^+ + VOC \longrightarrow H_2O + VOCH^+ \tag{4-11}$$

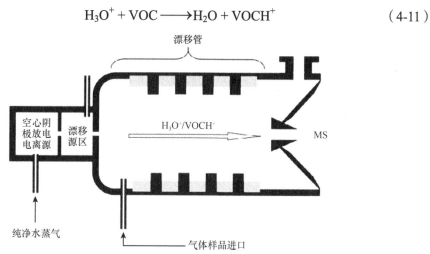

图 4-20　质子转移反应质谱原理示意图

Wehinger 等利用 PTR-MS 技术对原发性肺癌患者及健康志愿者的呼吸气体样本进行了检测。研究过程中，发现原发性肺癌患者的样本中质荷比为 31（质子甲醛）和 43（异丙醇的碎片离子）的质谱峰明显高于健康志愿者。原发性肺癌患者样本中的甲醛和异丙醇浓度明显高于对照组健康志愿者，在原发性肺癌患者中分别为 7.0ppb（1nL/L）（按体积计算为十亿分之一）和 244.1ppb，在健康志愿者中分别为 3.0ppb 和 94.1ppb。这项研究通过对呼吸气体中甲醛和异丙醇的监测，能够明显地将原发性肺癌患者与健康人群区分开来，为临床诊断提供了一种新的方法。Kohl 等将 PTR-MS 技术应用于肾病生物标志物的定性分析方面。该试验对肾功能不全患者及健康志愿者的呼吸气体样本进行分析，发现肾病患者样本中质荷比为 114 的质谱峰丰度明显高于肾功能正常志愿者，研究人员推测该化合物为肾病

生物标志物肌酐，同时在 PTR-TOF-MS 正离子模式下测得该化合物质谱峰为 114.1035，确定此化合物为肌酐。通过 PTR-MS 对呼吸气体中肾病生物标志物进行定性定量分析从而对肾功能进行诊断将是今后临床医学的一种重要方法。

（2）选择离子流动管质谱（selected ion flow tube - mass spectrometry，SIFT-MS）：是另一种由 Smith 等提出的相对较新的直接检测质谱技术，主要用来实时在线检测呼吸气体和空气中的痕量 VOCs。如图 4-21 所示，实验过程中，水蒸气和空气经过微波放电电离源产生 $H_3O^+$、$NO^+$、$O_2^+$ 三种初级试剂离子，然后经过第一个四级杆进行质量分离选择，选择的初级试剂离子被高流速的惰性载气气流带入流动管中，与流动管中的待测 VOCs 样品发生分子离子反应。待测 VOCs 样品会根据质子亲和势与 $H_3O^+$ 发生质子转移反应。

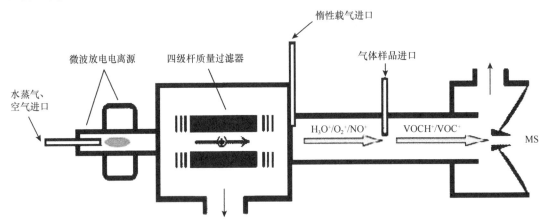

图 4-21　选择离子流动管质谱原理示意图

Dryahina 等利用 SIFT-MS 对肠道疾病的潜在小分子生物标志物戊烷进行研究。对克罗恩病患者、溃疡性结肠炎患者及健康志愿者呼出气中的戊烷进行了定量分析，结果发现，克罗恩病患者（114ppb）和溃疡性结肠炎患者（84ppb）呼出气中戊烷浓度要明显高于健康志愿者（40ppb）。这种方法为非侵入性炎症肠道疾病的预防与检查提供了坚实的实践基础。

（3）电喷雾萃取电离质谱（extractive electrospray ionization - mass spectrometry，EESI-MS）：是常压快速质谱分析技术的一种，具有现代质谱技术高灵敏度、高特异性的特点，克服了传统质谱技术需要对样品进行预处理的障碍，提高了分析效率。如图 4-22 所示，两个独立通道喷雾后产生的微小液滴在质谱仪入口前的三维空间内进行交叉碰撞，在极短时间内发生在线液微萃取，从而使样品中待测物被溶剂萃取并离子化，所形成的待测物离子被引入到质谱检测器中进行质量分析，得到相应的质谱图。

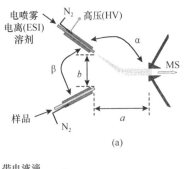

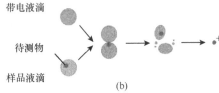

图 4-22　电喷雾萃取电离质谱原理示意图
（a）电喷雾萃取电离源装置示意图；（b）电喷雾萃取电离源中液滴-液滴碰撞萃取示意图

EESI-MS 在呼吸气体检测方面最大的优势就是不仅能检测其中含有的挥发性分子，还能够检测非挥发性分子，EESI 通过与 TOF-MS 耦合首次检测到呼吸气体中含有的少量非挥发性分子（如尿素和葡萄糖），这些非挥发性物质携带有更多的生命过程或生理/病理状态的信息，是真正能够反映人体健康状态的标志物。

EESI 耦合商品化 LTQ-MS，能在 1s 内快速获得呼吸气体样品指纹谱图。对中医确诊为阴虚/阳虚证的患者和健康人的呼吸气体进行活体 EESI-MS 分析，结合主成分分析（principal component analysis，PCA）方法，对阴虚、阳虚、阴阳两虚和健康人群的指纹谱图进行区分，其结果如图 4-23 所示。

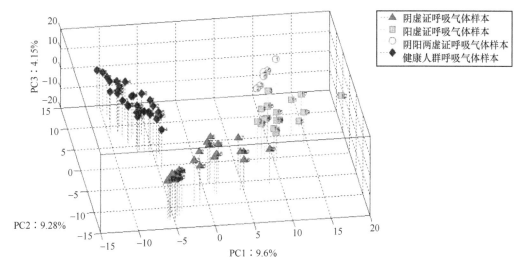

图 4-23 呼吸气体指纹谱图的 PCA 三维得分结果

## 三、非对称场离子迁移谱技术

英国癌症研究院（Cancer Research UK）和英国生物技术公司 Owlstone Medical 共同宣布开始一项临床试验，从癌症患者的呼吸中寻找潜在的生物标记物。这项试验的目的是检验呼吸中与癌症有关的挥发性有机化合物，以帮助医生进行快速、非侵入性的诊断。

Owlstone Medical 的呼吸分析仪（ReCIVA 呼吸分析仪，如图 4-24 和图 4-25 所示）运用非对称场离子迁移谱技术（field asymmetric ion mobility spectrometry，FAIMS），从一个人的呼吸和体液中检测其挥发性有机化合物代谢产物。非对称场离子迁移谱技术是一种气象检测技术，它利用不同离子的迁移率在常压高电场条件下呈非线性变化的特点，完成离子分离和识别。FAIMS 还可以与质谱、液相色谱-质谱及气相色谱等技术联用来分析同系物、药物和 VOCs、饮用水检测、蛋白质组学等。

## 四、激光光谱技术

近几年来，激光光谱技术和激光光源的发展加速并推进了呼吸气体分析研究的进展。与质谱技术相比，激光光谱技术不但具有高灵敏度、高选择性的优点，而且具有低成本、实时性及即时检测（POCT）的功能特点。激光穿过气体混合物时不同的气体分子有着自己

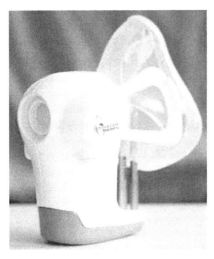
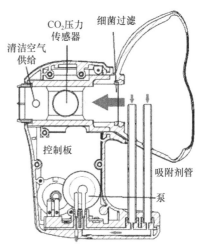

图 4-24 ReCIVA 呼吸分析仪及其原理图

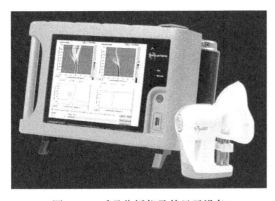

图 4-25 呼吸分析仪及其显示设备

的特征吸收波段，这些具有特异性的吸收被称为气体吸收"指纹"，这使得激光光谱法成为无创呼吸分析领域中非常有用的一种方法。随着该技术的发展，基于太赫兹和光学频率梳的呼吸气体分析成果近年来常有报道。在 2006 年 CLEO（Laser Science to Photonic Applications）会议上，各国专家一致肯定了激光光谱技术在灵敏度、选择性、响应时间等方面的巨大优势。在此之后，基于激光光谱实现痕量呼吸标志物检测的成果不断涌现，受到了业界的广泛关注。

可调谐半导体激光吸收光谱（tunable diode laser absorption spectroscopy，TDLAS）技术是一种将激光技术与长光程吸收池相结合的痕量气体检测技术，常用于气体浓度的测量。依据 Lambert-Beer 定律，激光的基准强度 $I_0$ 与经过气体样品后的强度 $I$ 之间的关系为

$$I(v) = I_0 e^{-\alpha(v)L} \tag{4-12}$$

光腔衰荡光谱（cavity ring down spectroscopy，CRDS）技术是另一种高灵敏度吸收光谱技术，其技术示意图如图 4-26 所示。入射激光光束进入到由两个反射率在 99% 以上的高反射率反射镜组成的衰荡腔中，并在两个高度反射性镜面之间多次反射，每次均有微小的光透过镜面离开光腔，采用高响应速率的光电探测器检测随时间变化的输出光强。输出信号即为衰荡时间信号，其呈指数衰减。

光声光谱（photoacoustic spectroscopy，PAS）技术不同于 TDLAS 技术和 CRDS 技术，它不测量光谱本身而是检测物质吸收光辐射后产生的声波变化。当物质吸收光辐射后，在通过无辐射跃迁返回基态时，常常会将激发能转变为热能，热能又可以激发出声波，通过接收热激发的声波来获取光谱信息，即为光声光谱技术。

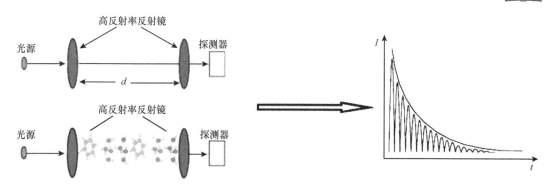

图 4-26 光腔衰荡光谱技术示意图

目前主要的呼吸生物标志物中，以呼吸气体作为测量样品，激光光谱技术作为检测手段，已经有 14 种生物标志物得到了测量；还有一些呼吸生物标志物仅进行了标准样品的测量，没有在呼吸气体样品中进行测量。已测 14 种呼吸生物标志物的光谱"指纹"涵盖了紫外到中红外的光谱区域，因此每一种呼吸生物标志物光谱"指纹"的选择，都需要考虑待测生物标志物在呼吸气体中的预期含量、检测灵敏度、其他气体可能的光谱干扰、激光光源，以及整个呼吸气体分析系统的便携性与成本。

总体来看，目前基于激光光谱技术的呼吸生物标志物检测中的光谱指纹主要集中在紫外波段、近红外波段和中红外波段，其灵敏度和选择性较高，有的呼吸生物标志物的检测已达到 $10^{-12}$ 量级，性能也已完全可以媲美质谱技术。

# 复习思考题

1. 简述无创脉搏式血氧饱和度监测技术。
2. 简述无创血糖监测技术有哪些。
3. 简述基于呼吸气体活检的无创肿瘤检测技术。

# 第五章 POCT 分析技术

POCT（point of care testing）是临床医学检验的一种新模式，通常称为"即时检验"，是指在患者旁边进行的临床检测（床旁检测，bedside testing），通常不一定由临床检验师来进行操作。POCT 名词的组成包括 point（地点、时间）、care（保健）和 testing（检验）。国外曾有不少与 POCT 相关的名词，如 bedside testing（床旁检测）、near-patient testing（患者身边检测）、physician office testing（医师诊所检验）、home use testing（家用检验）、extra-laboratory testing（检验科外的检验）和 decentralized testing（分散检验）等。随着即时检验这一领域的不断发展，这些名词都已不能概括 POCT 的含义。

## 第一节 概 述

### 一、POCT 的发展史

床旁检测不是一个新生事物。早在公元 1500 年前，当时的医师观察到蚂蚁可以被一种"消瘦病"患者的尿液所吸引，由此推测这种患者尿液中含有糖分，从而认识了糖尿病。这种用蚂蚁来检测糖尿病的方法被认为是最早的床旁检测。

现代 POCT 始于 20 世纪中期。1957 年，Edmonds 以干化学纸片检测血糖及尿糖，随后 Ames 公司将其干化学纸片法检测项目扩大并商品化，由于该方法简便快速，很快被普遍应用。其后，间接血凝试剂试验、胶乳试验、免疫层析试验和生物传感器技术等简便、快速的方法相继出现，受到了患者、临床医师及医学检测人员的普遍青睐。1995 年美国将此类检测方法命名为"point of care testing"（POCT），意即在医疗现场，用任何所需医疗措施进行的检测仪器的创新。蛋白质芯片、血凝检测技术也已加入此类检测项目中，其所占比例亦日益增加，POCT 已经引起国内外检测医学工作者的关注和有关卫生行政管理者的重视。

在国外 POCT 还有不少有关的名词，虽然名称繁多，但都未能全面而准确地表述这一技术的内涵，在我国至今尚无该技术规范的中文名词，目前通常称之为"床旁检测"。随着医学、生物医学工程和计算机技术的发展，POCT 的使用更为便捷，应用范围更加广泛，从最初检测血糖、妊娠扩展到检测血凝状态、心肌损伤、心功能不全、酸碱平衡、感染性疾病和治疗药物浓度（therapeutic drug monitoring，TDM），使用的场所从事故现场、家庭，延伸到了病房、门诊、急诊、监护室、手术室甚至海关、社区保健站及私人诊所，应用的领域已从临床扩展到食品卫生、环境监测、禁毒、法医等。因此，"床旁检测"这一中文译名已不能反映其应用的特点。综观 POCT 诸多特性，它最大的优点是省去了标本复杂预处理程序，在采样现场即刻进行分析，快速得到检验结果，其快速现场分析是其他检验方法无法实现的。有专家认为，称其为"即时检验"更为妥切，因为 POCT 不仅是检测方法，还是包含着许多高新分析技术的一门学科，至少是检验医学中一个重要分支。

真正使用"床旁检测"这种说法还是在近二十几年内。1995 年，美国临床化学学会

（American Association for Clinical Chemistry，AACC）在年会上设置了一个特殊的展区，专门展示一些移动快捷、操作简便、结果准确可靠的技术和设备，这些新颖的技术和设备令所有参观者耳目一新。人们开始逐渐了解床旁检测技术。在 1999 年第二届国际实验诊断学学术交流暨教学研讨会后，这一临床诊断方式被列为我国实验室诊断教学与临床研究的发展方向。

POCT 不需专业的临床检验师操作，可以省去诸多标本预处理步骤，以及大型仪器设备检测、数据处理及传输等大量烦琐的过程，可直接快速地得到可靠的结果，为医师进一步诊治赢得了宝贵的时间，目前显示出良好的发展势头。有文献报道，在美国 POCT 市场每年约以 12% 的速度增长，销售额达数十亿美元。

## 二、POCT 快速发展的原因

POCT 从简单的干化学技术发展到传感技术、生物芯片技术，其检测项目覆盖了几乎所有的医学检验领域。仅仅几十年的时间，其发展速度如此之快，应用范围如此之广，主要有以下几方面原因。

**1. 健康理念的转变促使 POCT 的发展**　医学模式的转变使社会和患者对医疗服务的需求发生新的变化，这种转变体现在：①从单纯生物医学模式向生物-心理-社会医学模式转化；②由单纯治疗转向预防、保健、治疗和康复；③医院工作由院内医疗扩大到院外社区。医院检验科的模式不适合这种变化，POCT 正适应了这种观念的改变和医疗市场的需求。

**2. 医疗体制改革需要 POCT 的发展**　建设覆盖城乡居民的公共卫生服务体系、医疗服务体系、医疗保障体系、药品保障体系，加强农村三级卫生服务网络和城市社区卫生服务体系建设，深化公立医院改革，促进了 POCT 的发展。国家医疗改革也提出了"战略前移和重点下移"和"治未病"的政策。这些方针、政策和措施要求大的医疗中心除了拥有大型设备、更先进的检验项目之外，还应该走出医院，面向社区，走进家庭，面向农村，这也就要求在检验设备和方法上有所改进，更适合基层的需要，POCT 是完成这一功能变化的重要选择。

**3. 急救医学的发展带动 POCT 的发展**　随着急救医学诊断和治疗水平的不断提高以及实际工作的需要，特别是重症监护室（ICU）或手术室、紧急救灾的现场、刑事侦查及环保监测，都需要 POCT 提供更新、更快、更准确、更方便的检测方法和技术。

**4. 先进的检验技术推动 POCT 的发展**　基础医学的深入研究，高科技引入检验医学实践，特别是化学、酶、酶免疫、免疫层析、免疫标记、电化学电极、色谱、光谱、生物传感器及光电分析等技术在 POCT 中的应用，将使医学检验在临床和社区医疗中发挥更加重要的作用。

## 三、POCT 的特点

POCT 融合了免疫学、电化学、光学、微电子学、信息学等方面的成熟技术对待检标本进行检测，在数分钟内即可检出结果，大大满足了实际应用的需要。

POCT 具有快捷、简便、效率高、成本低、检测周期短、标本用量少等优点，将对传统检验形成巨大的挑战，是极具潜力的检测技术，已经引起国内外医学检测工作者的关注和重视。特别是近些年，其发展速度之快、应用范围之广，已使其成为临床医学检验的一个重要分支。

POCT 的主要特点是可以迅速地获得可靠的检验结果，从而提高患者的临床医疗效果。简单地说，POCT 使得实验仪器小型化、操作方法简单化、结果报告即时化。

表 5-1 为临床实验室检验与 POCT 的主要不同点。

表 5-1 临床实验室检验与 POCT 的比较

| 项目 | 临床实验室检验 | POCT |
| --- | --- | --- |
| 周转时间 | 慢 | 快 |
| 标本鉴定 | 复杂 | 简单 |
| 标本处理 | 通常需要 | 不需要 |
| 血标本 | 血清，血浆 | 全血 |
| 校正 | 频繁且烦琐 | 不频繁，简单 |
| 试剂 | 需要配制 | 随时可用 |
| 消耗品 | 相对少 | 相对多 |
| 检测仪 | 复杂 | 简单 |
| 对操作者要求 | 专业人员 | 普通人即可 |
| 每项实验花费 | 低 | 高 |
| 实验结果质量 | 高 | 低 |

由于仪器便携、操作简便、结果及时准确等一系列优点，POCT 已得到广泛应用。目前应用较多的领域包括血糖、血气及电解质、心脏标志物、妊娠及排卵、肿瘤标志物、感染性疾病、生化分析、凝血等。

从 POCT 各细分行业的规模来看，血糖监测占据半数以上，不过其市场趋向饱和，增速已经放缓。从目前发展态势来看，血糖、血气及电解质、心脏标志物、感染性疾病、肿瘤标志物等应用领域是主要增长点，如图 5-1 所示。

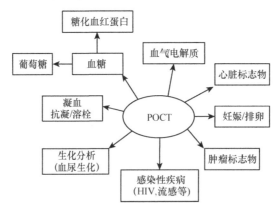

图 5-1 POCT 主要应用领域

# 第二节 常用的 POCT 分析技术

下面将介绍目前常用的几种 POCT 技术。

**1. 胶体金标记技术**　氯金酸（$HAuCl_4$）在还原剂作用下，可聚合成一定大小的金颗粒，形成带负电的疏水胶体溶液，由于静电作用而成为稳定的胶体状态，故称为胶体金。胶体金标记技术类似酶免疫技术，它是用胶体金标记单克隆抗体，可用于快速检测蛋白质类和多肽类抗原，如激素、丙型肝炎病毒（HCV），以及人类免疫缺陷病毒（HIV）抗原和抗体测定。

**2. 免疫层析技术**　将金标抗体吸附于玻璃纤维纸的下端，浸入样品后，此金标单抗即被溶解，并随样品上行。若样品中含有相应抗原，即形成 Ab-Ag-Ab-Au 复合物，当上行至中段醋酸纤维素薄膜时，即与包被在膜上的抗原（抗体）结合并被固定呈现红色线条（阳性结果）。免疫层析技术可检测项目已达数十项，如心肌标志物、激素和各种蛋白质等，可用于测定肌钙蛋白 T 和肌红蛋白，以及 D-二聚体等。定量测定甲胎蛋白（AFP）和人绒毛膜促性腺激素（HCG）的金标检测技术已在国内研发成功。

**3. 免疫斑点渗滤技术**　其原理与层析法相似，将包被有特异性待测物抗原（抗体）的醋酸纤维膜放置在吸水材料上，当样品滴加到膜上后，样品中的待测物质结合到膜上的抗原（抗体）上。洗去膜上的未结合成分后，再滴加金标抗体，若样品中含有目标物质，膜上则呈现 Ab-Ag-Ab-Au 复合物红色斑点。该技术目前已被广泛应用于结核分枝杆菌等细菌的抗原或抗体检测，从而达到快速鉴定细菌的目的。

**4. 干化学技术**　将一种或多种反应试剂干燥、固定在固体载体上（纸片、胶片等），用被测样品中所存在的液体作为反应介质，被测成分直接与固化于载体上的干试剂进行呈色反应。该技术包括①单层试纸技术：包括单项检测试纸和多项检测试纸。单项检测试纸一次只能检测一个项目，如目前被广泛应用的血糖检测试纸、血氨检测试纸、尿糖检测试纸等。而多项检测试纸一次在一条试纸上可同时检测几项、十几项甚至几十项，其技术也要相对复杂一些。②多层涂覆技术：由多层涂覆技术制成干片，主要包括 3 层：扩散层、试剂层和支持层。样品加入干片后首先通过扩散层，样品中的蛋白质、有色金属等干扰成分被扩散层中的吸附剂过滤后，液体成分渗入试剂层进行显色反应，光线通过支持层对反应产物进行比色，以此通过计算机计算样品中待测物质的含量。此技术目前已被广泛应用于血糖、血尿素氮、血脂、血氨及心脏、肝脏等酶学血液生化指标的 POCT 检测。

**5. 生物和化学传感器技术**　生物和化学传感器是指能感应（或响应）生物和化学量，并按一定的规律将其转换成可用信号（包括电信号、光信号等）输出的器件或装置。它一般由两部分组成，其一是生物或生化分子识别元件（或感受器），由具有生物或化学分子识别能力的敏感材料（如由电活性物质、半导体材料等构成的化学敏感膜和由酶、微生物、DNA 等形成的生物敏感膜）组成；其二是信号转换器（换能器），主要由电化学或光学检测元件（如电流、电位测量电极、离子敏场效应晶体管、压电晶体等）组成。

**6. 生物芯片技术**　生物芯片又称微阵列（microarray）。生物芯片技术是 20 世纪末在生命科学领域中迅速发展起来的一项高新技术，它主要是指通过微加工技术和微电子技术在固相载体芯片表面构建微型生物化学分析系统，以实现对核酸、蛋白质、细胞、组织及其他生物组分准确、快速、大信息量的检测。其基本原理是在面积很小（可达几个平方毫米）的基质材料（玻片、硅片、金属片、尼龙膜等）芯片表面有序地点阵式固定排列一定数量的可寻址的识别分子（如 DNA、抗体或抗原等蛋白质及其他分子）。这些成分与相应的标记分子结合或反应，结果以荧光、化学发光或酶显色等指示，再用扫描仪或电荷耦合器件（CCD）摄像等技术进行记录，经计算机软件处理和分析，最后得到所需要的信息。

而组织芯片的原理是将不同的组织样品点阵式固定排列在一张芯片上，再通过免疫组化、原位杂交等手段对芯片上的组织样品进行分析。生物芯片能够在短时间内分析大量的生物分子，快速准确地获取样品中的生物信息，其效率是传统检测手段的成百上千倍，因此有人认为它将是继大规模集成电路之后的又一次具有深远意义的科学技术革命。由于生物芯片技术在疾病筛查和早期诊断上的优势，它已经成为检验医学发展的热点之一。目前，通过基因多态性芯片，可对不同的个体进行药物代谢能力分析，从而实现临床的个体化用药；通过基因芯片可进行细菌检测和细菌耐药性分析；通过生物芯片对肿瘤、糖尿病、高血压、感染性疾病的筛查和检测方面的检验产品也日臻成熟。

# 第三节　动脉血气分析

呼吸系统包括呼吸道（鼻腔、咽、喉、气管、支气管）和肺。呼吸器官的共同特点是壁薄、面积大、湿润、有丰富的毛细血管分布。进入呼吸器官的血管含乏氧血，离开呼吸器官的血管含多氧血。机体与外界环境之间的气体交换过程称为呼吸。通过呼吸，机体从大气摄取新陈代谢所需要的 $O_2$，排出所产生的 $CO_2$，因此，呼吸是维持机体新陈代谢和其他功能活动所必需的基本生理过程之一，一旦呼吸停止，生命也将结束。

呼吸系统是一个开放式系统，具有低压、低阻、高容量的生理特点，成人在静息状态下，每天约有 10 000L 的气体进出于呼吸道。因其特殊的解剖特点，全身不良因子可以非常方便地进入肺而引起疾病。各种微生物的感染是呼吸系统疾病的主要因素。另外，非感染因素如过敏因素和自身免疫因素及理化因素等均可引起呼吸系统疾病。病因学研究证实，呼吸系统疾病的增加与空气污染、吸烟密切相关。呼吸系统疾病的发病率约占内科疾病的1/4，包括感冒、肺炎、气管炎、哮喘、肺结核、肺尘埃沉着病等，若得不到及时控制或病情迁延恶化，将发展成为肺心病、肺气肿、呼吸衰竭、心力衰竭、肺癌等，病死率较高。根据死因调查结果，呼吸系统疾病（不包括肺癌）在城市的死亡率占第 3 位，而在农村则占首位。与其他系统疾病一样，周密详细的病史和体格检查是诊断呼吸系统疾病的基础。对于呼吸系统疾病的诊断性检查，最为重要的就是动脉血气分析。

呼吸功能是维持人体生命的重要环节，人体组织、细胞必须不断地进行氧化代谢，并不断地产生大量的 $CO_2$，因此机体必须不断地进行呼吸，从外界摄入 $O_2$，以及排出机体内过多的 $CO_2$。整个呼吸过程由以下三个环节来完成。

（1）外呼吸：包括肺通气和肺换气。肺通气是指外界气体与肺内气体的交换过程。肺换气是指肺泡气与肺泡壁毛细血管内血液间的气体交换过程。

（2）气体运输：是指机体通过血液循环将肺摄取的氧运送到组织细胞，又将组织细胞产生的 $CO_2$ 运送到肺的过程。

（3）内呼吸或组织呼吸：是指血液与组织细胞间的气体交换，它包括组织细胞消耗 $O_2$ 和产生 $CO_2$ 的过程。

因此，呼吸过程不单靠呼吸系统来完成，还需要血液和血液循环系统的配合。损伤、中毒、炎症、肿瘤等各种疾病均可损伤肺组织结构，进而影响呼吸功能。当正常的呼吸功能出现紊乱时，会出现胸闷、气促、呼吸困难等临床表现，严重者可导致呼吸衰竭。血气分析是评价人体呼吸功能、酸碱平衡状态的重要指标，对于正确诊断水和电解质代谢紊乱、鉴别不同类型的酸碱平衡失调和呼吸功能障碍，以及采取及时有效的措施极为重要，现已被普遍应用。呼吸衰竭是由各种原因引起的肺通气和（或）换气功能严重障碍，以致在静息状态下不能维持足够的气体交换，导致缺氧伴（或不伴）二氧化碳潴留，从而引起一系列生理功能和代谢紊乱的临床综合征。临床表现为呼吸困难、发绀等。按动脉血气可分为 Ⅰ 型呼吸衰竭和 Ⅱ 型呼吸衰竭（目前多采用动脉血气分法），①Ⅰ型：缺氧而无二氧化碳潴留[$PaO_2 < 60mmHg$（$1mmHg=133.3Pa$），$PaCO_2$ 降低或正常]；②Ⅱ型：缺氧伴 $CO_2$ 潴留（$PaO_2 < 60mmHg$，$PaCO_2 > 50mmHg$）。

# 一、动脉血酸碱度

动脉血酸碱度（pH）是判断酸碱平衡调节中机体代偿程度的重要标志，它反映体内呼吸和代谢性因素综合作用的结果，pH 的值是氢离子浓度的负对数，其过低或过高都严重影响机体的生物活性。

【参考值】 7.35～7.45。

【临床意义】

（1）pH 是主要的酸碱失衡的诊断指标，对机体的生命活动具有重要意义，尤其是内环境的稳定性。

（2）pH<7.35 提示酸中毒；pH>7.45 提示碱中毒，但不能说明是呼吸性或代谢性的酸中毒或碱中毒，还必须参考其他参数，如 $PaCO_2$、$TCO_2$ 等才能判断。pH 正常也不能排除酸碱失衡。

（3）pH 在 7.3～7.5 被认为是较小的漂移而保持了平衡；pH 在 7.1～7.3 是严重的失代偿性酸中毒，pH 在 7.5～7.6 则提示严重的失代偿性碱中毒；pH<7.1 或>7.6 将会危及生命，尤其是当急性呼吸骤停时。

# 二、动脉血二氧化碳分压

动脉血二氧化碳分压（$PaCO_2$）是指动脉血液中溶解的二氧化碳的分压，即溶解在动脉血浆中的 $CO_2$ 所产生的张力。$PaCO_2$ 正常值为 4.6～5.9kPa，是反映通气功能和呼吸酸碱平衡的重要指标。$PaCO_2$ 大于 5.9kPa 为高碳酸血症，提示通气不足和呼吸性酸中毒；$PaCO_2$ 低于 4.6kPa 为低碳酸血症，提示通气过度和呼吸性碱中毒；$PaCO_2$ 大于 7.3kPa 是诊断呼吸功能不全的主要依据之一。

【参考值】 35～45mmHg（4.67～5.99kPa）。

【临床意义】

（1）$PaCO_2$ 的变化直接影响血液的 pH。动脉血与肺泡内的 $PaCO_2$ 基本相等，可以代表肺泡内的 $PaCO_2$。$PaCO_2$ 代表呼吸性因素对血液的影响，与通气有明显的关系，通气不足 $PaCO_2$ 升高，反之 $PaCO_2$ 则降低。

（2）$PaCO_2$ 增高常见于慢性支气管炎、肺气肿、肺心病等，肺通气量减少，常造成呼吸性酸中毒。

（3）$PaCO_2$ 降低见于呼吸性酸中毒、代谢性酸中毒及各种混合型酸碱平衡紊乱，提示有肺通气过度等现象。

（4）动脉血在 30～50mmHg 认为是较小的漂移，但仍需要诊断分型；若失代偿性二氧化碳分压迅速变化，使 $PaCO_2$ 小于 25mmHg 或大于 60mmHg，则危及生命。

# 三、动脉血氧分压

动脉血氧分压（$PaO_2$）是指动脉血液中物理溶解的氧的分压。体内氧的需要主要来自于血红蛋白化学结合的氧。氧从肺泡进入血液后，除一部分呈物理状态溶解于血液，绝大部分进入红细胞与血红蛋白结合，形成 $HbO_2$，$HbO_2$ 的化学结合是一种可逆结合；当血液中的 $PaO_2$ 升高时，血红蛋白与氧结合形成 $HbO_2$；$PaO_2$ 降低时 $HbO_2$ 解离，形成血红蛋白。因此，$PaO_2$ 越高，则 $HbO_2$ 百分比也越高。血液中的氧分压还受年龄、二氧化碳分压（$PaCO_2$）、吸氧浓度的影响。

【参考值】 83～108mmHg（5.05～14.5kPa）。

【临床意义】

（1）$PaCO_2$ 是判断缺氧和低氧血症的客观指标。不同年龄健康个体的可变化范围为 65～105mmHg。50～65mmHg 被认为是潜在的危险，氧分压变化很快，必须谨慎并进一步检查。$PaCO_2 < 50$mmHg，氧饱和度 85%则是生命的临界点，必须立即干预。

（2）$PaO_2$ 是反映呼吸功能状态和缺氧程度的客观指标。轻度缺氧，$PaO_2 < 104$mmHg，见于肺性脑病前期；中度缺氧，$PaO_2 < 80$mmHg；重度缺氧，$PaO_2 < 53$mmHg，见于肺性脑病。

# 四、血浆实际碳酸氢盐和标准碳酸氢盐

实际碳酸氢盐（actual bicarbonate，AB）是指隔绝空气的血液标本，在实际 $PaO_2$、实际体温和血氧饱和度条件下测得的血浆 $HCO_3^-$ 浓度。AB 受呼吸和代谢两方面因素的影响。

标准碳酸氢盐（standard bicarbonate，SB）是全血在标准条件下（温度为 37～38℃，血红蛋白氧饱和度为 100%，$PaCO_2$ 为 40mmHg 的气体平衡状态下）所测得的血浆 $HCO_3^-$ 含量。由于标准化后的 $HCO_3^-$ 不受呼吸因素的影响，所以 SB 是判断代谢因素的指标。SB 在代谢性酸中毒时降低，在代谢性碱中毒时升高。

【参考值】 AB：22～27mmol/L；SB：22～27mmol/L。

【临床意义】 SB 是指全血标本在标准条件下所测得的血浆 $HCO_3^-$ 含量；而 AB 是指全血标本在实际条件下所测得的人体血浆 $HCO_3^-$ 含量。健康人两者大致是相等的。SB 排除了呼吸因素改变的影响，可以反映 $HCO_3^-$ 的储备量。AB 与 SB 常结合起来分析。

（1）AB=SB，为正常生理状况。

（2）如患者 AB=SB，同时又都低于参考值下限，为失代偿性代谢性酸中毒；如二者同时高于参考值上限，则为失代偿性代谢性碱中毒。

（3）如患者 AB>SB，提示二氧化碳潴留，为呼吸性酸中毒或代谢性碱中毒；AB<SB，为呼吸性碱中毒或代谢性酸中毒。

# 五、动脉血二氧化碳总量

动脉血二氧化碳总量（total carbon dioxide，$TCO_2$）是血浆中所有形式的 $CO_2$ 的总含量，其中大部分（约 95%）是 $HCO_3^-$ 形式，少量是物理溶解的 $CO_2$（5%），还有极少量是以碳酸、蛋白质氨基甲酸酯等形式存在。$TCO_2$ 在体内受呼吸及代谢两方面因素的影响，但主要受代谢因素影响。

【参考值】 23～28mmol/L。

【临床意义】

（1）$TCO_2$ 增高，常见于呼吸性酸中毒、代谢性碱中毒。

（2）$TCO_2$ 降低，常见于代谢性酸中毒、呼吸性碱中毒。

# 六、缓 冲 碱

缓冲碱（buffer base，BB）是全血中具有缓冲作用的阴离子总和。缓冲碱的存在有以下几种形式。①血浆缓冲碱：由血浆中的碳酸氢根离子（$HCO_3^-$）和蛋白质阴离子（$Pr^-$）组成。②全血缓冲碱：由血浆中的 $HCO_3^-$ 和 $Pr^-$ 加上血红蛋白组成。③细胞外液缓冲碱：由血浆中的 $HCO_3^-$ 和 $Pr^-$ 及血红蛋白相当于 5g 时的缓冲碱量组成。④正常缓冲碱：是指在 37℃，标准大气压下，使血样在 $PaO_2$ 为 40mmHg 的氧混合气中平衡，Hb 充分氧合并调整 pH 至 7.4，所测得该血的 BB 值。

【参考值】 45～54mmol/L。

【临床意义】 BB 增高常为代谢性碱中毒；BB 降低常为代谢性酸中毒。如 AB 正常而 BB 降低，则表示血浆蛋白降低或贫血、失血。

# 七、剩 余 碱

剩余碱（base excess，BE）是指在标准大气压下，温度为 37℃，$PaCO_2$ 40mmHg，$SaO_2$ 100%的条件下，将 1L 血液调整至 pH 7.4 所需的酸或碱量，正常人 BE 与正常缓冲碱是一致的，两者相差甚小。BE 为正值时，说明缓冲碱增加；BE 为负值时，说明缓冲碱减少。因此，BE 是酸碱内稳态中反映代谢性因素的一个客观指标。

【参考值】 ±3mmol/L。

【临床意义】 它表示血液碱储备增加或减少的情况。BE 为正值加大，称为碱剩余，表示代谢性碱中毒；BE 为负值加大，称为碱不足，表示代谢性酸中毒。

# 八、动脉血氧饱和度

动脉血氧饱和度（$SaO_2$）为氧含量（血中实际所含溶解氧与结合氧之和）/氧容量（空气与血充分接触使血氧饱和后其所含溶解氧与结合氧之和）之比。$SaO_2$ 反映血红蛋白结合氧的能力，与血红蛋白及氧分压关系密切。

【参考值】 95%～98%。

【临床意义】 $SaO_2$ 仅仅表示血液中氧与 Hb 结合的比例，虽然多数情况下也作为缺氧和低氧血症的客观指标，但与 $PO_2$ 不同的是它在某些情况下并不能完全反映机体缺氧的情况，尤其当合并贫血或 Hb 减低时，此时虽然 $SaO_2$ 正常，但却可能存在着一定程度的缺氧。

# 九、乳 酸

血中的乳酸（lactic acid，Lac）主要来自红细胞和肌肉。人体组织在无氧的条件下（如肌肉剧烈运动时的缺氧情况）由葡萄糖糖酵解供能，最终产物为乳酸。血乳酸的浓度与缺氧情况一致。肝是清除乳酸的主要器官，血乳酸浓度可作为观察患者循环障碍、无氧代谢的一项生化指标。

【参考值】 正常值：<2.0mmol/L；需要救治：>4.0mmol/L；死亡率高：>9.0mmol/L。

【临床意义】

（1）临床医生通过监测乳酸来评估治疗效果，乳酸水平降低说明组织供氧得到改善。

（2）乳酸测定对指导重症监护患者的救治具有非常重要的作用，尤其是处理心肌梗死、心功能不全、血流不足引起的组织缺氧时。

（3）乳酸水平的增高可见于多种临床疾病，如休克、严重哮喘、一氧化碳中毒、心力衰竭、局域性血流灌注不足（组织缺氧）、糖尿病、恶性肿瘤、肝病、甲基丙二酸血症（由于甲基丙二酸在血中的堆积，导致严重到可引起死亡的代谢性酸中毒和酮症的一类先天性代谢性疾病）、糖原酶缺陷（影响糖类合成的酶缺陷）、脂肪酸氧化缺陷（影响脂肪酸分解的疾病）、脓毒血症。

（4）药物也可引起乳酸酸中毒，如酒精中毒、阿司匹林、氰化物、双胍类（糖尿病药物）。

（5）乳酸测定在临床中应用广泛，如开放性心脏手术、冠状动脉分流术、体外膜氧合（体外循环交换膜式氧合作用）、休克状况的评估、主动脉内球囊起搏器植入术、急诊科胸痛患者的分类救治、创伤患者急诊室的评估、急腹症的诊断及烧伤患者的诊治，均可能用到乳酸的测定。

# 第四节　POCT 在血气分析中的应用

POCT 血气分析仪与传统的血气分析仪相比，具有体积小、重量轻、床旁即时测定、无需专业人员操作、维护要求低、血样量少（给患者最小的损伤，尤其适合儿童），以及结果快速、准确，与传统血气分析仪具有良好的相关性等优点，同时还可以联合监测多种全血检测项目，如电解质、乳酸等。

美国雅培（Abbott）公司收购的 i-STAT 公司的血气检测芯片，采用微加工技术制作薄膜电极，硅微加工技术制作生物电极阵列，通过微流体毛细作用进样，配备有手持式的操作仪器，只需将 2~3 滴全血样品加入到芯片内，在 2min 内就可以通过电化学反应对全血中的电解质进行检测（$Na^+$、$K^+$、$Cl^-$、$Ca^{2+}$），还可对尿酸、葡萄糖、血气（pH，$PaCO_2$，$PaO_2$）进行检测，这是目前微流体技术在 POCT 市场上最成功的产品。

## 一、i-STAT 检测原理

POCT 血气分析仪主要由专门的气敏电极结合传感器组成，包括生物传感器和化学传感器技术，可以分别测出 $PaO_2$、$PaCO_2$ 和 pH 三个数据，并推算出一系列参数。其应用生物芯片、生物感应技术，实现了对待测物快速、高通量、准确的检测。

$Na^+$、$K^+$、$Cl^-$、$Ca^{2+}$、pH 和 $PaCO_2$ 采用离子选择性电极（ion selective electrode，ISE）电位测试法进行测试。按照能斯特（Nernst）方程，利用测试电位值计算浓度值。尿素首先采用脲酶进行催化反应水解为铵离子。采用离子选择性电极电位测试法测试铵离子，按照能斯特方程进行计算，利用测试电位值计算浓度值。葡萄糖采用电流测试法进行测试。在葡萄糖氧化酶催化下，葡萄糖氧化，产生过氧化氢。释放出来的过氧化氢在电极处氧化，产生电流，后者与葡萄糖浓度成比例。$PaO_2$ 采用电流测试法进行测试。氧传感器与传统的血气分析所采用的 Clark 电极相似。氧气通过气体渗透膜从血样中渗入一种内置电解质溶液，在阴极处还原，氧还原电流与氧溶解浓度成比例。血细胞比容采用电导测试法测定。对电解质浓度校正后，电导率测试值与血细胞比容相关。多种计算结果适用于 $HCO_3^-$、$TCO_2$、BE、$SpO_2$、阴离子间隙（anion gap，AG）和血红蛋白的测试。

适应证：呼吸功能障碍、酸碱平衡紊乱，心肺复苏、体外循环检测等。

标本采集：在床旁立即检测时无须添加抗凝剂，如果使用抗凝剂应为肝素抗凝。依据患者情况，可选择在桡动脉、肘动脉或股动脉取血。新生儿、婴幼儿可以使用头皮针连细塑料管 5～10cm，直接将针头插入头皮上的浅表动脉（如颞动脉），将动脉血引入测试片即可测试。

操作方法：电极法或生物芯片法。

注意事项：

（1）避免在静脉滴注处、动脉留置导管处采血。

（2）只能用肝素抗凝。

（3）及时送检。

（4）隔绝空气，避免空气中的 $O_2$ 混入或血标本中的 $CO_2$ 溢出。

（5）抽血时患者应处于安静状态。

方法学优点：

（1）快速提供可靠的结果。

（2）检测范围广泛。

（3）所需样本量少。

（4）简单易用。

（5）强大的数据处理功能。

i-STAT 检测项目如表 5-2 所示。

表 5-2　i-STAT 检测项目

| 项目 | 检测 | 计算 |
| --- | --- | --- |
| 血气 | 血液酸碱度，二氧化碳分压，氧分压 | $TCO_2$，$HCO_3^-$，细胞外液碱剩余（BEecf），$SO_2$ |
| 电解质 | 血钠，血钾，氯离子，离子钙 | 阴离子间隙 |
| 生化 | 血糖，尿素氮，肌酐，乳酸 | |
| 血液学 | 红细胞比容 | 血红蛋白 |
| 血凝 | 激活凝血酶时间，凝血酶原时间 | |
| 心脏标志物 | 肌钙蛋白 I，肌酸激酶同工酶，钠尿肽 | |

## 二、i-STAT 系统组成

i-STAT 系统是一种先进的诊断系统（图 5-2），其固体芯片含有生物传感器，配有化学传感膜和含化学试剂成分的膜片。系统采用多种传感器组件，能够进行多种重症监护化验测试，如电解质、常规化学、血气和血液学指标检测。根据测试的特殊性，产生的电信号通过 i-STAT 便携式临床分析仪的电流、电位或电导测试电路进行检测。

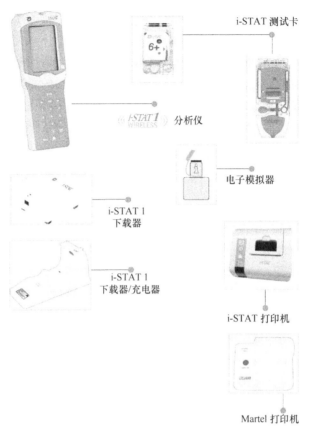

图 5-2　i-STAT 系统

i-STAT 系统由分析仪（analyzer）、测试卡（cartridges）、电子模拟器（electronic simulator）、下载器/充电器（downloader/recharger）、打印机等组成。

**1. 分析仪**　如图 5-3 所示，i-STAT 分析仪是一个手持式的仪器，采用点阵式液晶显示屏（LCD）显示，与打印机、下载器采用红外传输收发通信链路，由 2 节 9V 锂电池供电。键盘上设有开关机键、菜单键、红外设备扫描键、背景光复零键、光标移动键、数字键、血糖测试条插口、电池盒、条码扫描口等。操作温度：16～30℃，湿度：0～90% RH（相对湿度，relative humidity），气压：300～1000mmHg，质量：520g，尺寸：209mm×64mm×52mm。

**2. 测试卡**　一次性使用的测试卡内装有经过微细加工的薄膜电极或传感器，如图 5-4 所示，包括以下部分。

（1）血气、电解质、化学和红细胞比容分析用的定标液。

（2）血凝分析用的试剂。

（3）废液室，用于存储废液。

（4）一系列微型化的传感器。

（5）用于与分析仪连接的传导性电气触点。

（6）用于热控制以维持 37℃温度的加热元件。

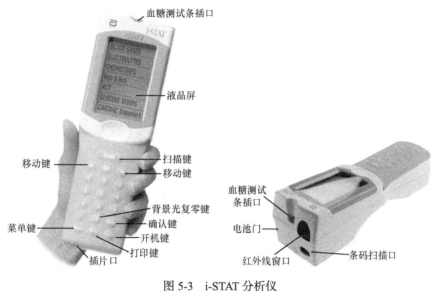

图 5-3　i-STAT 分析仪

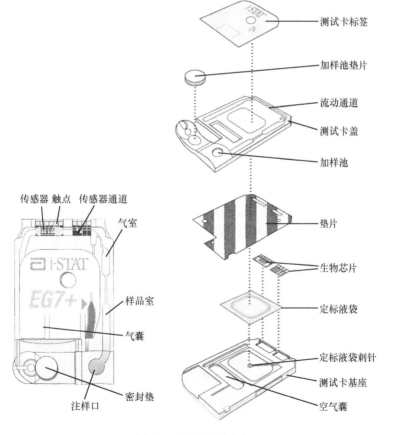

图 5-4　i-STAT 测试卡

样品室包括注样口和样品通道（蓝色"▶"标记处）。注入血液样品时，注至蓝色"▶"标记处即可。图 5-4 中的"传感器通道"将"样品室"中的样品引导至传感器。该通道的另一端是"废液室"，接收定标液和废弃的样品液。气室位于血气、电解质、化学或红细胞比容测试卡中的"样品室"和"传感器通道"之间，它将定标液和样品隔开，防止这两种液体相互混合。气体部分的大小由分析仪进行监控。气囊（被标签盖住了）与注样口相连。当分析仪压到气囊时：①替换掉原有的定标液；②将样品从样品室移动到传感器；③将样品和试剂混合。i-STAT 测试卡内部结构，如图 5-5 所示。

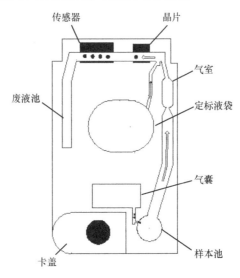

图 5-5　i-STAT 测试卡内部结构

测试卡在恒温（冰箱内冷藏）2～8℃下保存，在有效期之前使用。使用时，从冰箱中取出测试卡，室温下，单片需要复温 10min 后方可做测试，整盒（25 片装）需要复温 1h 后方可使用。测试卡从冰箱中取出复温后，不可再放回冰箱，应在 14 天内用完。

如图 5-6 所示，将血样从入口注入至▶处（针头斜口向下），注样口有极微量血液即可，迅速卡上锁盖。操作时，只可捏测试卡外包装的边缘部分，严禁捏外包装的中间部分（这里含有校准液），否则定标液袋刺针会将测试卡中间的定标液袋刺破，导致卡片浪费。严禁接触测试卡电极（生物传感器）部位，否则将污染电极，影响最终检测结果。注入血样前，需排尽注射器内所有气体，并弃去前 1～2 滴血，否则气体进入测试卡后，会导致血样不能通过电极，无法检测，形成废片。盖锁盖时，需按下锁盖外缘部位，严禁按密封垫位置，否则会压迫测试卡内气囊而导致废片。

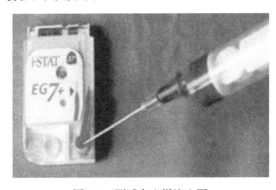

图 5-6　测试卡血样注入图

不正确加样，如图 5-7 所示。

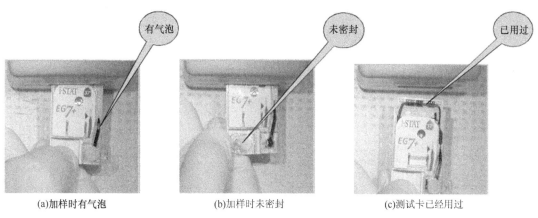

(a)加样时有气泡　　　　　　(b)加样时未密封　　　　　　(c)测试卡已经用过

图 5-7　不正确的加样方式

### 3. 电子模拟器

（1）电子模拟器（SIM）对仪器进行两点定标以保证分析结果的正确性。

（2）根据电化学原理，血气和电解质分析是通过电极对有关测试项目进行敏感，然后测定其电压值（如 $PaCO_2$）或电流值（如 $PaO_2$），再转换为它们的浓度值。

（3）SIM 同时发出两种不同水平的电压和电流以便对 i-STAT 进行两点定标，如此省略了各种消耗品，如定标液、定标气、冲洗液、活化剂、电极溶液等。

（4）每 8h 用 SIM 定标一次。

**4. 下载器/充电器**　下载器将来自分析仪的测试记录通过红外传输转换成电子格式，并将其传输（上传）到数据管理器，也可将来自中央数据站（测试卡的数据管理软件）的电信号通过红外方式传输至分析仪。充电器能对分析仪内的可充电电池进行充电。当分析仪放置在下载器上时，这种传输就可自动进行，如图 5-8 所示。

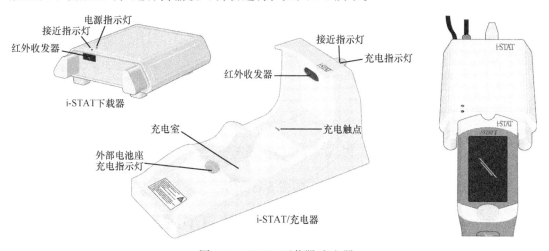

图 5-8　i-STAT 下载器/充电器

**5. 打印机**　打印机可以通过红外（infra red，IR）传输方式直接接收来自分析仪的数据，也可通过数据线电缆连接下载器。打印机可通过电源适配器进行充电。通信链路也可采用 RJ12 接口。打印方式为热敏打印，如图 5-9 所示。

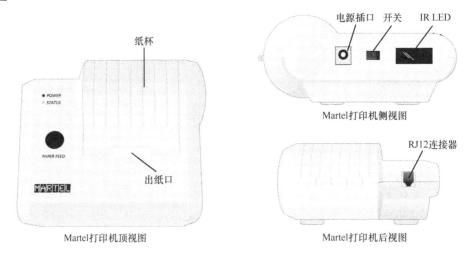

图 5-9　i-STAT 打印机

**6. 数据管理器**　图 5-10 显示了标准 i-STAT 数据管理配置。下载器、下载器/充电器和 IR 链路放置在用户终端部门，手持式分析仪发送检测结果到数据管理器。数据管理器再通过网络接口连接到医院的实验室信息管理系统（laboratory information management system，LIMS）和医院信息系统（hospital information system，HIS）。

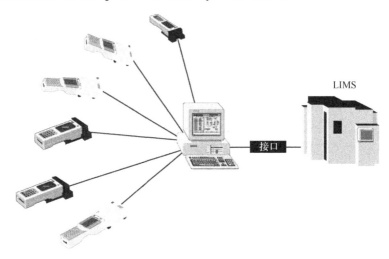

图 5-10　i-STAT 数据管理配置

**7. 工作流程**　i-STAT 的工作流程，如图 5-11 所示。

## 三、i-STAT 在临床中的典型应用

**1. 急诊科**　i-STAT 在急诊科的临床诊治中应用频繁，原因在于其可以提供即时的检测结果，帮助医生尽早制定治疗方案而使患者尽快康复。主要检测以下指标。

（1）心脏标志物：CK-MB、肌钙蛋白、钠尿肽，主要用于心绞痛的评估。

（2）血气和乳酸：适用于呼吸窘迫综合征、外伤和脓毒血症。

（3）电解质/肌酐/尿素氮/血糖：适用于腹痛、肾损伤和一般筛检。

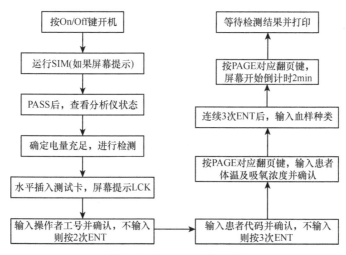

图 5-11　i-STAT 工作流程

**2. 手术室**　i-STAT 在手术室的临床工作中应用广泛,可以提供即时的检测结果使得尽早进行外科手术而不至于延误。主要检测以下指标。

（1）血气:监测术前和术中的呼吸状况。

（2）电解质/肌酐/尿素氮/血糖:肾损伤和一般筛检。

（3）全血激活凝血时间（ACT）:在体外循环时监测凝血状态。

**3. 重症监护室**　i-STAT 典型的应用是每个床位每天需要进行 4～6 次血气分析。主要检测以下指标。

（1）血气/乳酸:针对呼吸和脓毒血症的监测。

（2）电解质/肌酐/尿素氮/血糖:肾损伤和一般筛检。

（3）血糖。

## 四、i-STAT 的质控体系

i-STAT 的质控体系包括以下方面。

（1）质控的前置:执行最严格的生物芯片生产和检验标准（FDA、ISO 认证）,每一批次的成品中完成高达 10%的样品检测,并且检测曲线程序化。

（2）一次性使用的生物传感器芯片用于血样检测:通过每 6 个月的软件升级,缩小测试误差。

（3）每一次检测前自动单点定标。

（4）每一次检测流程内近 200 项自动化监控。

（5）电子质控:可随时对所有检测项目的电信号实施监控。

（6）液体质控。

## 五、i-STAT 的结果显示

i-STAT 以数值和杆状图（bar graph）的形式呈现测试结果。图 5-12 中的刻度线指示 95%人群的正常参考范围[图 5-12(a)]。血气及其相关的计算值不以杆状图和参考范围的形式表示[图 5-12(b)]。

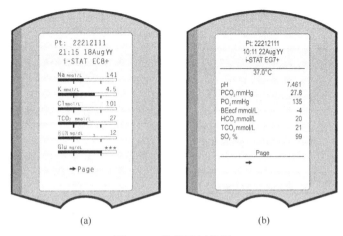

图 5-12　数值及杆状图

杆状图异常结果的显示见图 5-13。图 5-13(a)表示血钾在正常范围之上。根据可报告或测量范围，杆状图会重新调整显示标记；图 5-13(b)中"＞"符号提示血糖结果超出可报告范围；图 5-13(c)中"＜"符号提示血钠低于可报告范围。

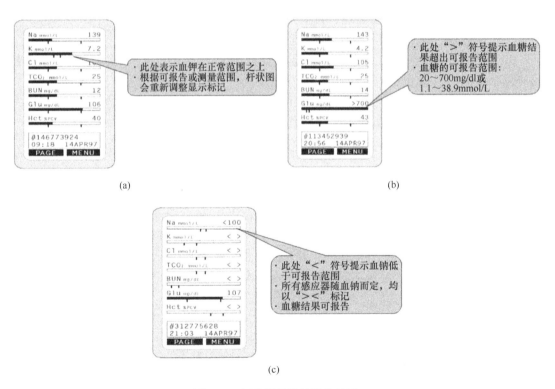

图 5-13　杆状图异常结果的显示

# 复习思考题

1. POCT 快速发展的原因是什么？

2. 简述 POCT 的含义和特点。

3. POCT 与传统的实验室检查有何不同?

4. POCT 技术主要有哪些?

5. POCT 的主要应用有哪些领域?

6. 简述 POCT 在血气分析中的应用。

# 第六章 流式细胞分析新技术

流式细胞术（flow cytometry，FCM）是一种能够同时测量，并分析单一粒子群（通常是细胞群）以液流的形式流过光束时呈现的多种物理特性的技术。其测量的物理特性包括某个细胞的相对大小、相对粒度或内部复杂度和相对荧光强度。这些特性由能够记录细胞或粒子散射入射激光和发射荧光的光电耦合系统获得。

流式细胞仪由液流系统、光学系统和电子系统三个主要部分组成，①液流系统将液流中的粒子传送到激光束进行"审讯"；②光学系统由用于照射样本流中粒子的激光和用于引导（细胞）发出光信号到相应的探测器上的光学滤光片组成；③电子系统将检测到的光信号转换成计算机能够处理的电信号。对于一些配备了分选特征的仪器来说，电子系统还能发起分选决策信号，以便对粒子进行充电和偏转。

现代流式细胞分析技术综合了流体力学、激光、电子物理、光电测量、计算机、荧光化学及单克隆抗体等技术，是多学科多领域技术进步的结晶。随着现代科技的高速发展，为了满足生命科学对于细胞分析更高层次的要求，流式细胞分析技术也在快速发展，并已经在光学系统、分选技术、高通量分析等方面取得了许多新的突破。

目前流式细胞仪厂家主要有 BD、Beckman Coulter、Partec、ABI、Guava、Amnis 等。经过多年的资源整合和优化，美国 BD、Beckman Coulter 公司和德国 Partec 公司占领着流式细胞仪市场的统治地位，其他公司依靠自己的特色产品在夹缝中生存。BD、Beckman Coulter 公司的产品型号种类比较齐全，在市场中占有较大的份额，如 BD 公司既有 BD FACSCount 经济普及型流式细胞仪，也有 BD FACSAria 大型科研型流式细胞仪，它们的产品价格较高。此外，Amnis 公司的 ImageStream 将流式多色检测技术和荧光显微镜图像显示技术集中到一个平台，提供了全新的细胞分析方法。

流式细胞仪的最新发展趋势，主要包括以下方面。

（1）仪器全面自动化。免疫标本制备仪、组织样本制备仪和样品前处理仪在实验中得到广泛应用。不同规格的多孔板或多试管自动进样器加速了自动化进程。EPICS XL、FACSCalibur 等主流厂家的仪器都实现了自动化。

（2）多色多参数分析迅速发展。随着新型荧光探针的不断开发以及仪器软件和硬件的逐步更新，流式细胞仪的多色荧光分析得到了迅速发展，对细胞亚群的识别更准确、更精细。一种激光（如 488nm 激光）可同时激发多种荧光染料，目前已出现 488nm 单激光激发 5 色到 7 色的仪器，如 BD FACSAria 和 LSRⅡ、Beckman Coulter FC500 等；多种激光激发多种荧光染料，如 Partec CyFlow ML 采用 5 种激光激发 13 色荧光，实现了 16 个参数的分析。

（3）分析、分选速度加快。随着细胞分选系统的发展，流式细胞仪的分析、分选速度明显加快，如 BD FACSAria 获取速度达 70 000 个细胞/秒，分选速度达 50 000 个细胞/秒，四路分选；Beckman Coulter MoFlo XDP 分析速度达 100 000 个细胞/秒，分选速度达 70 000 个细胞/秒，四路分选。

（4）仪器小型化。小型化、便携式流式细胞仪也是一种发展的趋势。最近几年，微流体流式细胞仪成为研究的热门方向，取得了一定的科研成果，如 Barat 等研究开发了集成光学系统代替传统的自由空间光学系统；Joo 等发明了规格为 15cm×10cm×10cm，质量为 800g 的微流体流式细胞仪，它能同时给出荧光信息和阻抗信息，使细胞分类更快、更容易；Islam 等发明了用来分离干细胞的光学耦合微流体流式细胞仪；Golden 等发明了多波长微型流式细胞仪，它具有 532nm、635nm 波长激发，665nm、700nm 荧光探测和散射光探测功能。

（5）仪器功能增强化。鉴于拉曼光谱易于识别的特点，Watson 等对能够探测拉曼光谱的流式细胞仪进行了研究。Tanner 等将金属标记和质谱探测应用到流式细胞仪中，实现了单细胞更多生物标记的复合测量。George 等对多光谱成像流式细胞仪和传统流式细胞仪进行比较，结果表明：在区分凋亡细胞的早、中、晚期方面，多光谱成像流式细胞仪更胜一筹。Novak 等设计了双色体内（in vivo）流式细胞仪，将共聚焦显微术和流式细胞术融合在一起，用于体内荧光细胞循环的实时、定量测量，实现无创检测。Amnis 公司 ImageStream 将流式多色检测技术和荧光显微镜图像显示技术集中到一个平台，提供了全新的细胞分析方法。

（6）理论新发展。Yang 等采用 SIMPLEC 迭代算法，所得出的流式细胞仪液体流动的理论模拟结果与文献公布的实验数据吻合良好，为微流体流式细胞仪的流动室设计提供了理论参考。Cliburn Chan 等提出了混合模型，为流式细胞仪细胞亚群数据的自动识别、处理奠定了基础。Dyatlov 等在理论上提出了测量细胞的二维光散射方法来弥补传统扫描流式细胞仪只能测量方位角强度一维光散射的不足。

此外，采用荧光试剂、液相芯片技术、定量流式细胞分析、仪器模块化等也是流式细胞仪的发展趋势。

# 第一节　液流系统的发展

液流系统的目的是将液流中的细胞传送到激光照射的"审讯点"，也就是流式细胞仪正交光电系统的激光照射区域，并且每次仅有一个细胞通过激光束，即被"审讯"。

为达到此目的，需将样品液按照一定的角度注入流动室（flow chamber）内的鞘液流当中。对于 BD 公司的产品，这样的流动室在 benchtop（台式）型流式细胞仪中称为流动池（flow cell），而在 stream-in-air 型流式细胞仪中称为喷嘴（nozzle tip），其区别是在 benchtop 型流式细胞仪中，当激光束照射到样品流时，样品流仍在流动池内，而在 stream-in-air 型流式细胞仪中，当激光束照射到样品流时，样品流暴露在"空气"（open air）中。

基于层流的原理，样品液中的细胞被分离开来，并和鞘液同轴流动。鞘液流的作用是加快细胞的流动速度，并约束它们不能离开中心轴线，即实现了液流聚焦的作用。样品液的压力和鞘液的压力不同，并且样品液的压力总是大于鞘液的压力。

在 benchtop 型流式细胞仪中，加压后的样品流被鞘液包裹着向上流动，并通过流动池的激光照射区域（图 6-1）。大多数 benchtop 型流式细胞仪有固定的压力设置（低压、中压、高压）。

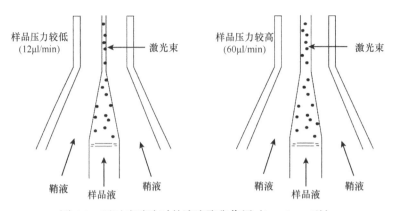

图 6-1　通过流动池时的液流聚焦作用（benchtop 型）

在 stream-in-air 型流式细胞仪中，样品液流过喷嘴的一个小孔，并在"空气"中接受激光照射，从而获得细胞的相关参数。样品液的压力设置可动态调节（图 6-2）。

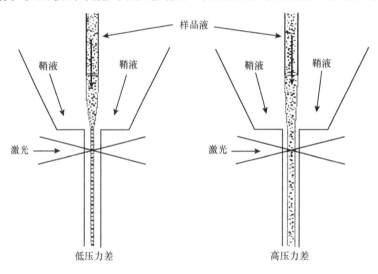

图 6-2　通过喷嘴时的液流聚焦作用（stream-in-air 型）

较高的流速一般用于定量检测，如免疫分型分析；较低的流速一般用于对分辨率要求更高的 DNA 分析。在使用过程中，应始终确保液流中无气泡、碎片，并且选择合适的加压方式。

## 第二节　光学系统的发展

光学系统由激发光学元件和收集光学元件组成。激发光学元件包括激光器和透镜，用于激光束的成型和聚焦。收集光学元件由一组收集透镜（用于收集由粒子和激光束相互作用所产生的光线），以及一组反射镜和滤光片（用来引导特定波长的光到达指定的光学探测器）组成。

流式细胞仪的光学平台提供了一个稳定的水平面，使得光源、激发光学元件和收集光学元件处于固定的位置上。Benchtop 型流式分析仪的对齐是非常稳定的，因为流动室与激光束固定在同一条轴线上。FACSCalibur benchtop 型流式细胞仪的光学平台如图 6-3 所示。

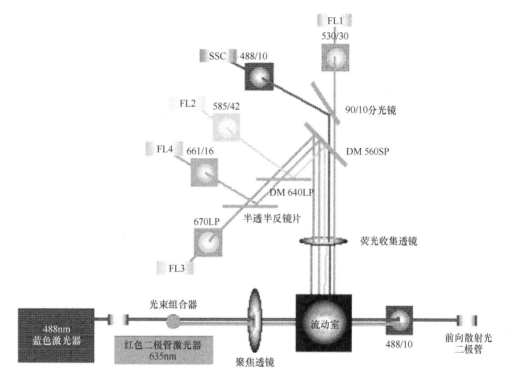

图 6-3　FACSCalibur benchtop 型流式细胞仪的光学平台框图

FACSCalibur benchtop 是一台双激光、四色台式流式细胞仪。双激光分别为 488nm 空气冷却式氩离子激光器和 635nm 空气冷却式红光二极管激光器；4 个荧光检测器，波长分别是针对 FITC（异硫氰酸荧光素）荧光染料的 530/30nm FL1，针对 PE/PI（藻红蛋白/碘化丙啶）荧光染料的 585/42nm FL2，针对 APC（别藻蓝蛋白）荧光染料的 661/16nm FL4 和针对 PerCP（多甲藻叶绿素蛋白）荧光染料的 670nm FL3；2 个散射光检测器，分别检测前向散射光（FSC）及侧向散射光（SSC）的值，检测波长均为 488/10nm。

在 BD 大型流式细胞仪中，当液流流过喷嘴时，激光束通过消色差透镜组以最佳角度和位置截取液流。由于光斑和液流位置会发生变化，所以大型机的光路没有台式机稳定，需要每日优化。光路不正有可能导致粒子受激光照射的能量不均一，从而被激发出的荧光强度也不相同，造成测量误差。BD FACSVantage SE stream-in-air 流式细胞仪大型机的光学平台系统如图 6-4 所示。

总之，流式细胞仪是一个独特的工具，给科学家们提供了一种从大量细胞中收集统计数据和使用该信息在某个细胞群中找到多项参数的相关性的方法，使 4～6 色实验变得越来越容易。有些实验室的仪器甚至能够同时分辨多达 18 种颜色。

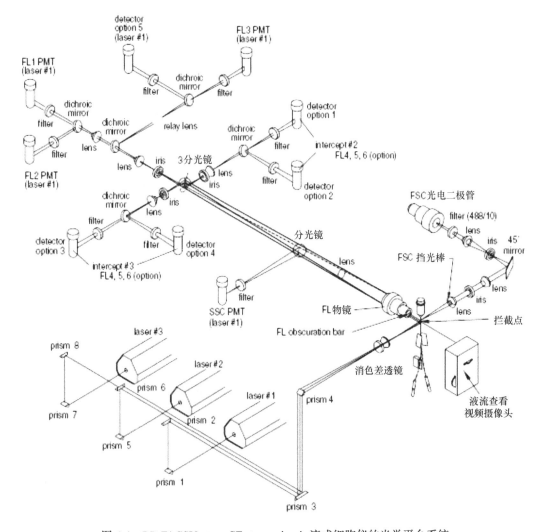

图 6-4　BD FACSVantage SE stream-in-air 流式细胞仪的光学平台系统

filter：滤光片；lens：透镜；laser：激光；prism 棱镜；dichroic mirror：二向色镜；detector：探测器；PMT：光电倍增管；FSC：前向散射光

# 第三节　细胞分选的发展

　　将感兴趣的目的细胞分离纯化出来或者分选出来，一直是细胞生物学中一个重要的研究手段。无论是研究细胞的功能，还是研究细胞因子的表达谱，均对细胞的纯度有很高的要求。

　　目前，细胞分选纯化的手段主要有两种。

　　**1. 磁激活细胞分选**　磁激活细胞分选（magnetic activated cell sorting，MACS）是用结合了磁珠的抗体标记细胞，使靶细胞带上磁珠，通过磁场将结合了磁珠与没有结合磁珠的细胞分离开来。MACS 是细胞分选的重要手段，其原理和设备均较简单，只需要一块磁铁，不需要专门的大型仪器，得到的细胞活性也较好。其缺点是能分选的细胞类型有限。

　　MACS 技术为德国美天旋生物技术有限公司（Miltenyi Biotec GmbH）的专利产品，是一种集合了免疫学、细胞生物学、磁力学等知识于一体的高度特异性细胞分选技术，其高度特异性来自抗体对抗原的特异性识别。MACS 技术已成为细胞分选的标准方法，从实验室到临床，从小规模到大规模，从常见细胞到稀有细胞和复杂的细胞亚群，从人类和小鼠细胞到其他种系的细胞，MACS 技术提供了一种可在每一个实验室进行高品质细胞分选的方法。

MACS 技术的主要组成成分为 MACS 微珠、MACS 分选柱和 MACS 分选器。MACS 微珠是与高度特异性单克隆抗体相偶联的超顺磁化微粒。MACS 分选柱置于一个永久性磁场，即 MACS 分选器中，可以将磁力增强 1000 倍，足以滞留仅标记极少量微珠的目的细胞。用缓冲液冲洗分选柱，所有未标记的细胞被冲洗掉。分选柱离开磁场，即可获得被标记的细胞组分。所有的操作在 2.5~30min 内即可完成，得到的细胞可立即用于后继实验。

MACS 技术的优点：

（1）稳定、高质量的分选。使用 MACS 技术，可获得高纯度（90%~99%）、高回收率的分选细胞群。

（2）对细胞无损伤。50nm 微珠和 MACS 分选柱均无毒性，对细胞无损伤，可以纯化有活力和有功能活性的细胞而不影响其活性。

（3）操作简便、快速。MACS 技术操作简单，消毒方便。磁珠孵育时间很短，仅需 15min。手动分选可在 30min 内完成，autoMACS 分选可在 2.5~10min 内完成。

（4）从实验室到临床。MACS 技术可以实现从 105 到 1011 个细胞的分选。如果使用频率高，可选用 autoMACS；密闭系统内无菌分选细胞，可选用 CliniMACS。

（5）分选后细胞适用于后续实验。流式细胞术、显微镜分析和分子生物学研究显示 MACS 分选对细胞没有任何影响。分选后的细胞适用于细胞培养和体内实验。此外，分选得到的标记和未标记细胞组分均可被回收利用。

（6）从细胞到分子分选。MACS 技术不仅可以分选各种细胞，还可以分选转染细胞、亚细胞物质、蛋白质、DNA、RNA 及 mRNA。

**2. 荧光激活细胞分选**　荧光激活细胞分选（fluorescence activated cell sorting，FACS）是利用荧光素标记不同的分子，调节合适的电压、补偿等，通过荧光将目的细胞与非目的细胞分离开来。MACS 和 FACS 的优缺点比较见表 6-1。

表 6-1　MACS 和 FACS 的优缺点

| 项目 | MACS | FACS |
| --- | --- | --- |
| 设备要求 | 专业的磁铁和柱子 | 具有分选功能的流式细胞仪 |
| 试剂 | 磁珠结合抗体 | 荧光抗体 |
| 操作人员要求 | 操作简单 | 需专门培训 |
| 对细胞刺激 | 小 | 大 |
| 多种标记细胞 | 不能分选 | 可以分选 |
| 表达丰度低的细胞 | 不能分选 | 可以分选 |
| 识别细胞大小和颗粒度 | 不能识别 | 可以识别 |
| 多种细胞分选 | 不可以同时分选多种 | 四路同时分选 |

在大多数的应用中，细胞离开激光束后，就会被送到废液槽。分选允许捕获和收集感兴趣的细胞，以便进一步分析。收集之后，这些细胞可以用来做显微分析、生化分析或功

能分析。并不是所有的 benchtop 型流式细胞仪都配有分选功能，然而可以升级执行此功能。

为了分选这些粒子或细胞，流式细胞仪首先需要识别这些感兴趣的细胞，然后分离出单个的细胞。在数据采集图形中，一旦确认了感兴趣的群，就可以在这个群周围画一个区域。从这些区域可以创建一个逻辑"门"。细胞仪软件装载这个"门"，作为分选"门"。分选"门"从样本流中识别出待分选的感兴趣的细胞，即所谓的"设门"。

不同的流式细胞仪采用不同的方法，来捕获这些感兴趣的粒子或细胞。在 FACSCalibur benchtop 型流式细胞仪中，采用称为捕捉管（catcher）的机械装置来分选细胞。捕捉管位于流通池的上部。它从样本流中移进移出，这一进一出，以每秒高达 300 多个细胞的速率来收集所需的细胞群。

当细胞通过激光束后，FACSCalibur 电子系统运用所设定的分选"门"这个特征，快速决定这个细胞是否是目标靶。根据预选的分选模式对靶细胞进行捕获。由于激光对准和样本流速度是固定的，所以待分选的细胞从激光拦截处到捕捉管所花费的时间是恒定的。

当做出要捕获靶细胞的决定后，电子系统等待一定的时间，以便使细胞到达捕捉管，然后触发捕捉管摆动到样本流中捕获细胞。图 6-5 左图显示了捕捉管在鞘液流中的某个位置。图 6-5 右图显示了捕捉管在样品液中心的位置，准备捕捉靶细胞。

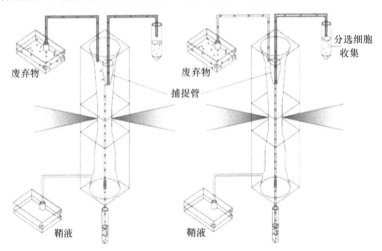

图 6-5　左：鞘液流中的捕捉管；右：样本流中的捕捉管

FACSVantage SE（stream-in-air 型流式细胞仪）通过液流的振动隔开感兴趣的细胞。样本流沿着其轴线振动，并断裂成液滴。液滴之间的距离是固定的。当鞘液的速度和喷嘴振动的速度不变后，液滴形成的模式就固定了。当液滴形成模式固定后，FACSVantage SE 就能精确地计算液滴之间的距离，这个距离能隔开单个细胞。

FACSVantage SE 运用电荷电压对包含细胞（该细胞满足预先定义的分选标准）的液滴进行充电。在振动液流的两侧有正、负两个充电极板。当带电液滴通过电极板时，液滴偏转到相应的收集管中，偏转方向取决于充电的极性。

普通的流式细胞仪只能给液滴充上正电荷或负电荷，因此在电场中只能向左或向右偏转，即两路分选，而实际上可以给液滴充以不同的电量，从而调整液滴的偏转角度，实现多路分选。贝克曼库尔特公司（Beckman Coulter）的 MoFloTM 是第一台实现多路分选的流式细胞仪，它可以四路同时分选，用 6～1536 孔板收集，分选对象可根据一维和二维区域内所设门的逻辑组合确定，每个细胞所在位置由一个分辨率为 256×256 通道的查询表确定，具有极高的精度。BD 公司的部分流式细胞仪也可以实现多路分选功能。

# 第四节 典型仪器介绍

BD 公司生产的流式细胞仪都冠以 FACS（fluorescence activated cell sorter），即荧光激活细胞分选器，其型号种类比较齐全，如早期的 FACSort、FACSCanto、FACSean。现在市场上供应的型号有多种，如 FACSCount（小型流式细胞仪）、FACSCalibur、FACSAria、FACSVantage（多色分析和高速分选流式细胞仪）、LSR Ⅱ（数字化分析型流式细胞仪）。

本节重点介绍 BD 公司的 BD FACSAria 流式细胞仪。

BD FACSAria 是获得专利的稳定性光路技术、卓越的多色分析和分选性能及非凡的自动化操作，最新一代高端流式细胞分选平台。它是一种（benchtop）型流式细胞仪，能对单细胞悬液或生物颗粒同时进行多参数的分析和分选，其速度快、精度高，是当代先进的流式细胞定量分析仪，如图 6-6 所示。

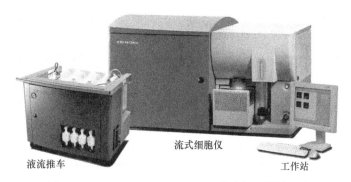

流式细胞仪

液流推车 工作站

图 6-6 BD FACSAria benchtop 型流式细胞仪的组成

其主要技术参数：

（1）配置 3 根独立激光器，可激发 9 色荧光探测器，激光器波长分别为 375nm、488nm和 633nm。

（2）仪器平台为 6 激光平台，目前可使用 4 激光同时激发。

（3）可自动供压，全程鼠标控制系统，安全性高。

（4）分析速度：100 000 个细胞/秒；分选速度：70 000 个细胞/秒。

（5）石英杯流动检测池荧光检测灵敏度可达 FITC≤85MESF，PE≤29MESF。MESF（molecules of equivalent soluble fluorochrome），即等价可溶性荧光素分子，FITC≤85MESF，是指其 FITC 通道能够检测的最小荧光强度至少要等价于"含有 85 个 FITC 分子的溶液所具有的荧光强度"；而 PE≤29MESF，是指其 PE 通道能够检测的最小荧光强度至少要等价于"含有 29 个 PE 分子的溶液所具有的荧光强度"。

（6）具有两路和四路分选及单克隆分选功能，可将单个细胞分选至 48/96 微孔板内，实现克隆分选。

（7）具有光路固定免校准和无菌分选模式。

（8）支持 1.0ml 微量管、流式管、15ml 离心管进样，并具有进样端样本过滤器。

（9）完全数字化电子处理系统，分辨率达 262 144 道，分选精度达 1/32 液滴。

（10）液流推车装载有鞘液、废液和清洗液，并配有液流自动控制系统和软件自动清洗程序。

（11）进样仓自动加压，自动混匀样本，自动冲洗进样管路。

（12）喷嘴可选择 70μm 或 100μm，满足绝大多数细胞分选的要求，喷嘴拆换简便、精确。

（13）两路或四路分选，可以使用多种规格的收集器。

（14）微孔板内"点对点"单克隆细胞分选：适用于各种干细胞、肿瘤细胞分选，在 96 孔或 384 孔板的每个孔内最精确可接种单个细胞（single cell），实现细胞的单克隆化生长，也可接种几个至上千万个细胞，孔板分选细胞的数目由用户自行决定。

（15）液流系统负责将待测细胞或颗粒从样本仓运送到流动室的检测点，然后视需要，液流流入废液桶或分选收集管。

# 一、液流推车

独立的液流推车用来盛放鞘液、清洗液，并回收来自于仪器的废液。该推车自带气压真空泵，无须外接气源。气泵可以供给 2～75psi（13.8～517kPa）的气压，以适应不同类型的细胞分选的应用，气压大小由软件进行调节。BD FACSAria 液流推车，如图 6-7 所示。

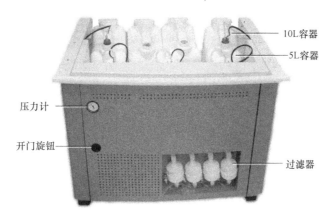

图 6-7　BD FACSAria 液流推车

液流推车有 4 个 10L 的桶（2 个用于盛放鞘液，2 个用于盛放废液）和 3 个 5L 的桶（用于盛放清洗液），所有的桶、螺帽、液面传感器和软管均可高压灭菌消毒，如图 6-8 所示。

液流推车通过电源线、软管和空气管道直接与流式细胞仪相连，如图 6-9 所示。液流推车的位置仅受电源线和软管长度的限制，其移动距离最大可达 2.4m。通常，推车放置在台式流式细胞仪的左边或者下方。

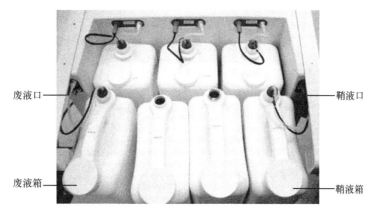

图 6-8　BD FACSAria 液流推车桶的配置

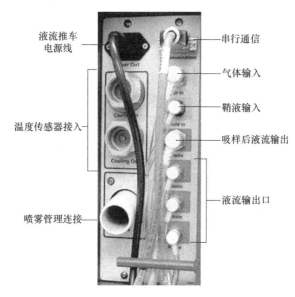

图 6-9　BD FACSAria 液流推车电源和管路接口

# 二、流式细胞仪

BD FACSAria 流式细胞仪包含三个系统：液流系统、光学系统和电子系统。该分析仪尺寸更为紧凑，可配置成台式或桌面式，并且只需要标准的电气接口，就可以和液流推车、工作站连接起来。

BD FACSAria benchtop 型流式细胞仪的外形结构如图 6-10 所示。打开侧门，抬起流动池通道门，可查看液流部件；打开光学元件通道门，可查看光学元件的配置情况；电源面板和连接插件均在仪器的左侧；其他电子元件均在仪器的内部，无须用户进行调整和调节。流动池通道门装有快门，在该门打开时激光自动关闭。为防止数据丢失，在样品采样和分选时，不要打开该门。

## 1. 液流部件

（1）压力罐：装有原装鞘液，分选时，一定要选择磷酸盐缓冲液（PBS）。从软件上选择打开液流命令，液流打开后，鞘液从液流推车泵入 BD FACSAria 流式细胞仪侧门内的压力罐（plenum reservoir）。在该罐被加压后，鞘液以恒定的压力进入流动池。通过该压力罐，

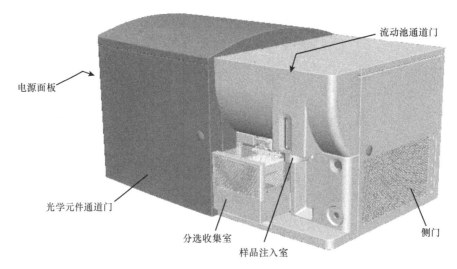

电源面板

光学元件通道门

分选收集室

样品注入室

流动池通道门

侧门

图 6-10 BD FACSAria benchtop 型流式细胞仪的外形结构图

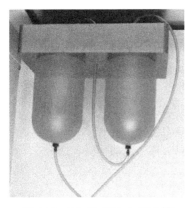

图 6-11 BD FACSAria 压力罐

可以消除压力的波动，液流的压力也就不随着鞘液桶内液位的变化而变化。该压力罐可以打开，并进行高压灭菌消毒或清洗，如图 6-11 所示。

（2）进样仓：进样仓是单细胞悬液样品进入流式细胞仪的地方。在数据采集过程中，该仓被加压，压力推动单细胞悬液样品流入流动室。可使用软件里的相关控件，对进样仓内的样品进行搅动混匀和温度控制。按动图中的打光按钮（进样仓内是暗室），可在软件中查看样品管中剩余样本液体的量。当使用光敏感的试剂时，不可使用打光按钮。BD FACSAria 进样仓、上样管管座和上样管，如图 6-12 所示。

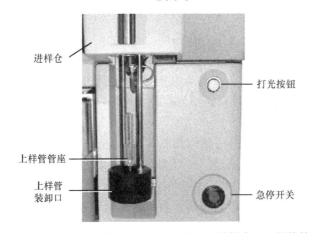

进样仓

上样管管座

上样管
装卸口

打光按钮

急停开关

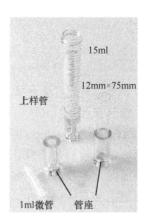

15ml

12mm×75mm

上样管

1ml微管    管座

图 6-12 BD FACSAria 进样仓、上样管管座和上样管

仪器提供了一系列用于盛放上样管的管座。上样管规格从 15ml 的离心管到 1ml 的微管都有。放置上样管时，将适当大小的上样管管座安放在装卸口，再将盛放单细胞悬液的上

样管放置在管座上。可在软件中点击相关按钮，启动装/卸上样管的过程。如在软件上点击"Load"命令后，上样管随着管座抬升进入进样仓，然后整个进样仓被自动加压，压力使单细胞悬液样本通过样本管道进入流动室，再进行后续的各种检测。

（3）流动室：流动室是流式细胞仪的心脏。在流动室，流体通过液流聚焦作用使样本中的细胞或颗粒依次、单列通过检测点，也称"审讯点"。流动室外耦合有荧光物镜，使光收集效率最大化。BD FACSAria 流动室，如图 6-13 所示。

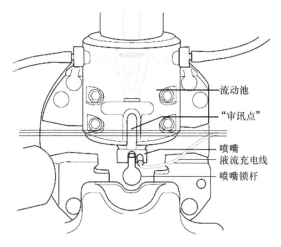

图 6-13　BD FACSAria 流动室

（4）喷嘴：喷嘴固定在流动室下部，有两种规格：70μm 和 100μm，适合大小不同的细胞。液流通过流动室进入喷嘴，速度加快，液流在驱动力作用下断开形成液滴，以进行分选。由于喷嘴在流动室之下，更换喷嘴不会影响光路。BD FACSAria 喷嘴，如图 6-14 所示。

图 6-14　BD FACSAria 喷嘴

在更换喷嘴过程中，从流动池中移走或插入喷嘴时，不要移走 O 形圈。

（5）分选装置：BD FACSAria 流式细胞分选装置的核心是石英杯流动检测池。它可以在低功率激光器的条件下，获得非常高的检测灵敏度，使用空气制冷的固态激光光源，而不再使用与高功率激光器配套的特殊电源和冷却设备。

BD FACSAria 使用光导纤维系统，将激光器发射出的激光束精确、稳定地聚焦在样本流轴心位置。光导纤维将 3 根激光束（波长分别为 488nm、633nm 和 407nm）精确汇聚在棱镜上，再通过棱镜，激光束聚焦在石英杯流动检测池的中间。由于样本流轴位于石英杯流动检测池的中心，而激光束聚焦的位置也固定在中心，因此，每日开机不需要做仪器的优化调整。

石英杯流动检测池的设计有两个突出的优点：一是提高了激光的激发效率，二是增强了发射光信号的收集效率。细胞受激光激发，与空气中液流受激光激发的流式细胞分析分选不同。在 BD FACSAria 流式细胞仪中，细胞通过激光照射区的流速更慢，激光照射时间更长，其流速只是从喷嘴进入空气时才被加速，然后振荡断裂为液滴，细胞被分选收集。

当细胞或颗粒离开喷嘴时，它们将经过分选装置，在这里它们或通过废物吸引器被运输到废液桶，或被分选到相应的收集器中。分选装置内有高压偏转板、吸引器和吸引器抽屉。

偏转板处于工作状态时，两个偏转极板之间存在 1.2 万伏的电压。触摸充电的极板可导致严重的电击事件。

分选时，液流在驱动力的作用下断成高度均一的液滴。在喷嘴下的几毫米处，液滴从液流断开。

从细胞或颗粒被检测到液滴断开的时间由 Accudrop 技术直接计算。

一旦符合分选条件的细胞被检测到，包含该细胞的液滴在将要从液流断开时，液流就会被充电。断开后的液滴仍然带电，带电的液滴通过被充电的偏转板。受静电吸引或排斥，带电液滴将向左或向右偏转，未带电的液滴不偏转而流入废液槽。BD FACSAria 分选装置，如图 6-15 所示。

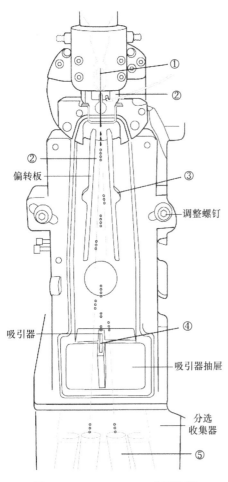

图 6-15　BD FACSAria 分选装置

图 6-15 中①处激发光照射到样本，产生散射光和荧光，并对这些光信号进行分析；②处对液流进行充电；③处偏转板吸引或排斥充了电的液滴；④处加上电荷的液滴流到废液槽；⑤处感兴趣的被充了电的细胞滴到相应的收集器。

BD FACSAria 流式细胞仪可以同时进行多个标志物（marker）分选，正选负选同时进行。以前的流式细胞仪只能给液滴充正电荷或负电荷，其在电场中只能向左或向右偏转，即两路分选。该流式细胞仪可进行四路分选，即可以给液滴充以不同的电量，从而调整液滴的偏转角度，实现多路分选。BD FACSAria 四路分选，如图 6-16 所示，a 图为吸引器抽屉关闭的情形，b 图为吸引抽屉打开后的情形。

BD Influx 流式细胞分析仪除了可进行两路、四路分选外，还可进行六路分选。BD Influx 流式细胞六路分选，如图 6-17 所示。

**2. 光学系统**　激光光学系统包括激光、光纤、光束成型棱镜和聚焦透镜。BD FACSAria 仪器使用低功率、气冷激光和固态激光，分别是 488nm 蓝色激光器、633nm 红色激光器和 407nm 紫色激光器。光纤将激光精确、稳定地导入光束成型棱镜，并进一步传输至聚焦透镜。透镜将激光光束聚焦到流动室的样本流上。BD FACSAria 激光光路，如图 6-18 所示。

图中标注：① ② 偏转板 ③ 调整螺钉 吸引器 ④ 吸引器抽屉 分选收集器 ⑤

(a)吸引抽屉关闭

(b)吸引抽屉打开

图 6-16　BD FACSAria 四路分选

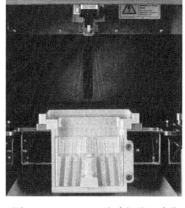

图 6-17　BD Influx 流式细胞六路分选

光纤　　　　棱镜　　　聚焦透镜

摄像头

图 6-18　BD FACSAria 激光光路

　　当荧光抗体或其他染料染色的细胞或颗粒通过激光束时，染料吸收光子跃迁到激发态，返回基态时，染料释放出能量，大部分以荧光的形式释放，由相应的探测器进行收集。图 6-19 中的荧光目标透镜通过光胶耦合的方式连接到石英杯流动池，这种耦合方式可以最大量地传输光信号，光信号收集效率至少是液流空气激发的流式细胞分选仪的 4 倍，大大提高了仪器的信号检测灵敏度（＜125MESF）。这些透镜收集并聚焦荧光发射信号到各自的荧光收集光纤，此处为 3 根荧光收集光纤。这些光纤再传输荧光信号到相应的探测器。

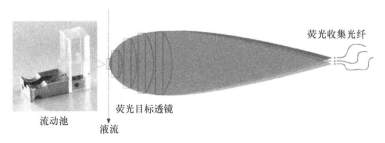

图 6-19　BD FACSAria 的荧光收集装置

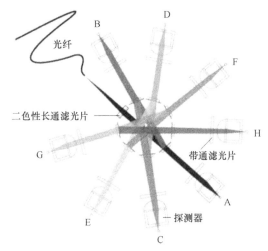

图 6-20　BD FACSAria 八角形光学元件阵列

收集光学元件按照三角形或八角形阵列排列，以便最大化地进行荧光信号检测。最大波长的荧光传输到第一个光电倍增管（photo multiplier tube，PMT），通过一组的二色性长通滤光片（长通二分镜），将低于该波长的荧光反射到下一个光电倍增管。每个光电倍增管前方均有一个带通滤光片，仅允许该通带以内特定波长的荧光通过，并被相应的 PMT 收集，这样可以严格限制所接收荧光信号的波长。由于光线的反射比投射效率更高，这种三角形或八角形光学元件布局的设计可以大大增加多色荧光分析的检测能力。BD FACSAria 八角形光学元件阵列，如图 6-20 所示。

　　标准的系统配备一个三角形荧光信号收集器（带 2 个 PMT），探测来自 633nm 红色激发光产生的荧光信号，以及一个八角形荧光信号收集器（带 6 个 PMT），探测来自 488nm 蓝色激发光产生的荧光信号。第三个可选的配置是另一个三角形荧光信号收集器（带 2 个 PMT），探测来自 407nm 紫色激发光产生的荧光信号。一个配置完整的系统一次可以探测多达 13 个荧光参数和 2 个散射光参数，这种全新光学配置的方式大大提高了样本获取时所得细胞信息的数量和质量。BD FACSAria 2-激光系统缺省配置，如图 6-21 所示。

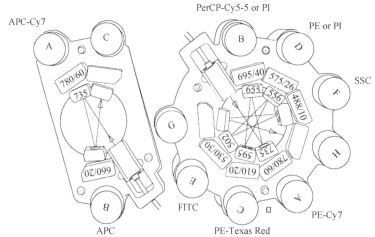

图 6-21　BD FACSAria 2-激光系统缺省配置

图 6-22 为 2-激光 7 色荧光及其颜色、探测器缺省配置情况。

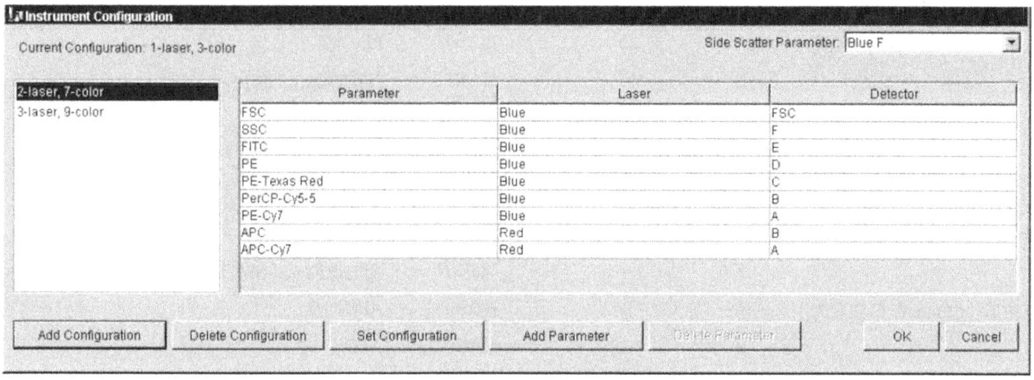

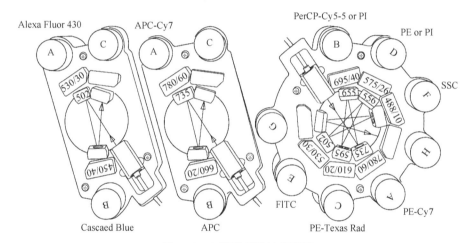

图 6-22　2-激光 7 色荧光配置

**BD FACSAria 3-激光系统缺省配置，如图 6-23 所示。**

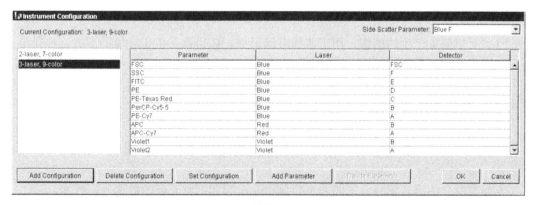

图 6-23　3-激光系统缺省配置

图 6-24 为 3-激光 9 色荧光及其颜色、探测器缺省配置情况。

图 6-24　3-激光 9 色荧光配置

探测器、PMT、光学元件及染料配置表如表 6-2 所示。

表 6-2 探测器、PMT、光学元件及染料配置表

| 探测器阵列 | PMT | 长通镜片（nm） | 带通滤光片（nm） | 染料 |
|---|---|---|---|---|
| 八角形（488nm 蓝色激发光） | A | 735 | 780/60 | PE-Cy7 |
| | B | 655 | 695/40<br>675/20 | PerCP-Cy5-5 或 PI<br>PerCP |
| | C | 595 | 610/20 | PE-Texas Red |
| | D | 556 | 575/26 | PE 或 PI |
| | | | 585/42 | 不使用 PE-Texas Red 时，可使用 PE/PI |
| | E | 502 | 530/30 | FITC |
| | F | — | 488/10 | 侧向散射光（SSC） |
| 三角形（633nm 红色激发光） | A | 735 | 780/60 | APC-Cy7 |
| | B | — | 660/20 | APC |
| 三角形（407nm 紫色激发光） | A | 502 | 530/30 | Alexa Fluor 430，Hoechst，DAPI |
| | B | — | 450/40 | Cascade Blue，Pacific Blue，Alexa Fluor 405 |

**3. 液流查看光学元件** BD FACSAria 仪器配备了可选部件，用于查看液流，如图 6-25 所示。

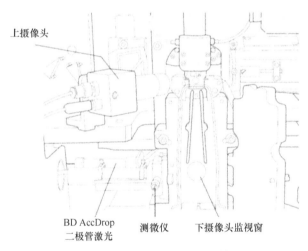

图 6-25 BD FACSAria 液流查看装置

（1）上摄像头产生的图像，用于监视液滴形成。该摄像头位于喷嘴的下方，提供液滴断裂时的图像。

（2）下摄像头产生用于监测 AccDrop 功能的图像。该图像可查看支流情况和辅助设置准确的液滴延迟时间。

# 第五节 流式细胞数据分析技术

本节主要介绍流式细胞数据的采集与显示、设门和细胞亚群的数据分析技术。

## 一、数据采集与显示

光信号转换成电压脉冲后，再通过模拟数字转换器（analog-to-digital converter，ADC）

转换成计算机能够存储处理的数字信号。流式细胞仪的数据是按照一个标准的格式进行存储的，即由分析细胞学协会（The Society for Analytical Cytology）开发的流式细胞仪标准格式（FCS）。根据 FCS 标准，数据存储包括三个文件，即样本获取文件、数据设置文件和数据分析结果文件。

一旦保存了数据文件，可以采用几种不同的格式显示细胞群。FSC、SSC、FL 这样的单参数可以显示为单参数直方图，见图 6-26。较亮的信号显示在较暗的信号的右边，越靠右侧亮度越强。

图 6-26（a）是 FL1 的分布直方图。两个参数可以同时显示在一个图形中。一个参数显示在 X 轴上，另外一个参数显示在 Y 轴上。图 6-26（b）是 FL1 和 FL2 的散点图。

三维数据中，X 轴和 Y 轴代表参数，Z 轴则显示每个通道的细胞数。图 6-26（c）是 CellQuest 软件给出的伪 3D 图，三个坐标轴分别是 FSC-H、SSC-H 和细胞的计数。图 6-26（d）是三维 Attractors 图，三个坐标轴分别是 FITC、PE 和 SSC 的值。

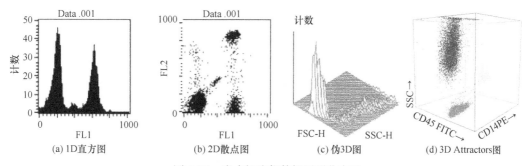

图 6-26　流式细胞仪数据图形化表示

这里的 CellQuest 软件是流式细胞仪自带的、进行数据收集和分析的通用软件，可以用于仪器调整与设定，进行细胞的检验测量。它可以提供双色或多色分析功能，可以定量各类细胞种群的百分比及细胞染色的荧光强度，制作一维直方图、二维散点图、二维密度图、二维等高图及三维空间图谱。

# 二、设　门

流式细胞数据分析的目的就是确定所要研究的目的细胞，这就涉及设门。设门就是划定某一区域的细胞群体，对其单独加以分析或分选。门的形状可任意，方法有如下几种。

（1）阈值设门。前向散射光 FSC 是最常用的阈值参数，FSC 和细胞大小正相关。用 FSC 设阈值，可以使低于该阈值的细胞碎片等其他杂质的信号不被处理。

（2）散射光设门。以 FSC 和 SSC 联合设门较常用。其最大的优点是可以排除碎片或噪声的干扰。可以根据 FSC vs SSC 散点图上细胞分布的不同来设门，达到分析目标细胞群的目的。

（3）荧光设门、反向设门和组合设门。

流式细胞术的数据分析过程实际上就是选门和设门的过程。设门是一个主观行为，是人为做出的决定，不同的人设门会存在很大差异，它是流式细胞术中最难掌握的技术。为了尽量减少主观判断带来的误差，最好分选一些细胞，然后用显微镜观察来进一步确认门的客观性和准确性。

实际上，通过门可以定义一个数据子集。门是一个数值或图形化界面，用来定义所要包含的细胞的特性，以便进一步分析。例如，在含有混合细胞种群的血液样本中，如果想限制成只分析淋巴细胞，可根据 FSC 或细胞的大小，在以 FSC 和 SSC 所作的散点图中设置一个门，只分析淋巴细胞尺寸大小的细胞。图形中显示的结果将反映只有淋巴细胞的荧光性质（图 6-27 ）。

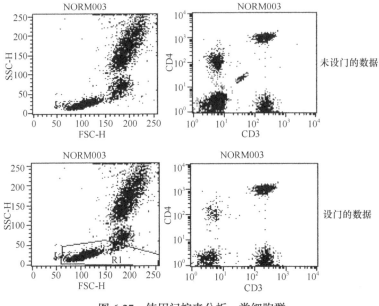

图 6-27　使用门控来分析一类细胞群

## 三、细胞亚群的数据分析

数据分析包括用图形方式显示列表模式（list-mode）文件中的数据，然后在这些图形中测量各个事件（event）的分布（表 6-3）。如前所述，有几种图形形式可以用来显示数据，而且可通过圈选的方法区分指定细胞群的亚群。

表 6-3　列表模式

|  | FSC | SSC | FL1 | FL2 |
| --- | --- | --- | --- | --- |
| Event 1 | 30 | 60 | 638 | 840 |
| Event 2 | 100 | 160 | 245 | 85 |
| Event 3 | 300 | 650 | 160 | 720 |

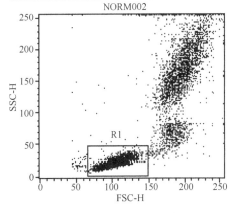

图 6-28　选定淋巴细胞亚群设门

例如，在图 6-28 所示的散点图中，我们在感兴趣的细胞群周围设了一个门，在本例中门内是淋巴细胞。

直方图可直观显示单个参数的事件数（细胞数量），见图 6-29。阴性对照用于决定直方图中单参数的左右边界。在左图中，M1 为阴性对照峰，无样品。右图中，M2 为 CD3 FITC 阳性峰。

图 6-30 显示在 M1 中有 619 个事件，M2 中有 2272 个事件。为了找出阴性、阳性统计百分比，可对事件数和加了门的事件进行比较。在

数据文件中，总共有 6000 个事件，但是在淋巴细胞门内发现了 2891 个事件。我们想得到的淋巴细胞中 CD3 群（加了门）的百分含量为 2272/2891=78.59%。

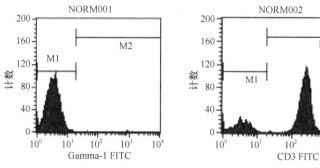

图 6-29　阴性对照峰 M1（NORM001）和 CD3 FITC 阳性峰 M2（NORM002）

File：NORM002　　　　　　　　　　　　Sample ID：481

Tube：CD3/CD19　　　　　　　　　　　Gate：G1

Gated Events：2891　　　　　　　　　　Total Events：6000

X Parameter： FL1-H CD3(Log)

| Marker | Left,Right | Events | % Gated | % Total | Mean | Geo Mean | CY | Median | Peak Ch |
|---|---|---|---|---|---|---|---|---|---|
| All | 1,9647 | 2891 | 100.00 | 48.18 | 176.92 | 86.78 | 62.94 | 191.10 | 220 |
| M1 | 1,18 | 619 | 21.41 | 10.32 | 3.75 | 3.26 | 51.90 | 3.40 | 1 |
| M2 | 18,9647 | 2272 | 7859 | 37.87 | 224.10 | 212.20 | 32.71 | 220.67 | 220 |

图 6-30　直方图统计结果

二维散点图以双参数显示结果，每个点表示一个或多个细胞（事件）。图 6-31 为阴性对照图，用于设定阴性对照边界，全图划分为四个象限，以区分阴性细胞、单阳性细胞及双阳性细胞。左下象限（LL）为双阴性细胞，左上象限（UL）为 $Y$ 轴阳性细胞（CD19 PE），右下象限（LR）为 $X$ 轴阳性细胞（CD3 FITC），右上象限（UR）为双阳性细胞（CD19$^+$/CD3$^+$）。

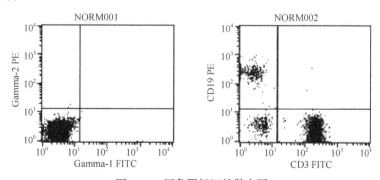

图 6-31　用象限标记的散点图

图 6-32 所示为阴性对照组（NORM001）和 CD3 FITC/CD19 PE 双染样本（NORM002），淋巴细胞亚群中 CD19 阳性、CD3 阴性（CD19$^+$/CD3$^-$）的百分含量为 296/2839=10.43%。

File: NORM002                      Log Data Units: Linear Values
Sample ID: 481                     Tube: CD3/CD19
Acquisition Data: 24-Sep-13        Gate: G1
Gated Events: 2839                 Total Events: 6000

| Quad | Events | % Gated | % Total | X Mean | X Geo Mean | Y Mean | Y Geo Mean |
|---|---|---|---|---|---|---|---|
| UL | 296 | 10.43 | 4.93 | 2.74 | 2.39 | 270.11 | 239.43 |
| UR | 5 | 0.18 | 0.08 | 140.12 | 136.26 | 130.53 | 59.57 |
| LL | 279 | 9.83 | 4.65 | 4.66 | 4.34 | 3.87 | 3.57 |
| LR | 2259 | 79.57 | 37.65 | 224.31 | 212.28 | 2.14 | 1.78 |

图 6-32  散点图统计结果

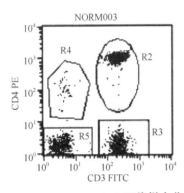

图 6-33  CD3 FITC/CD4 PE 双染样本分析图

另一种分析方法是划定区域，也就是设门。我们可以用不同形状的绘图工具定义所选区域，如图 6-33 所示，然后统计该区域内指定细胞亚群的百分含量。在图 6-34 中，R4 门内为 CD4 阳性、CD3 阴性的淋巴细胞亚群，其百分含量为 40/2866=1.40%。

对于有多个来源于不同供体样本的文件要分析的情况，如果不同时使用这两种分析方法，就会存在一定的缺陷。如果围绕某个细胞群划定了区域，或者从一个数据文件中创建了象限标记，然后读入另一个文件，因为样本差异有可能出现细胞群落在区域或标记之外。在这种情况下，就需要对每个文件重新调整区域或标记。

File: NORM003                      Sample ID: 481
Tube: CD3/CD4                      Gate: G1
Gated Events: 2866                 Total Events: 6000
X Parameter: FL1-HCD3 Leu4(Log)   Y Parameter: FL2-HCD4 Leu3(Log)

| Region | Events | % Gated | % Total | X Mean | X Geo Mean | Y Mean | Y Geo Mean |
|---|---|---|---|---|---|---|---|
| R1 | 2866 | 100.00 | 47.77 | 196.91 | 102.19 | 484.05 | 29.25 |
| R2 | 1271 | 44.35 | 21.18 | 246.06 | 234.08 | 1084.74 | 1061.58 |
| R3 | 1035 | 36.11 | 17.25 | 240.91 | 227.57 | 1.53 | 1.37 |
| R4 | 40 | 1.40 | 0.67 | 4.86 | 4.57 | 135.29 | 109.51 |
| R5 | 517 | 18.04 | 8.62 | 3.93 | 3.45 | 1.92 | 1.77 |

图 6-34  CD3 FITC/CD4 PE 双染样本数据统计结果

为避免这种情况发生，可采用一种称为聚类分析（cluster analysis）的新方法。BD 公司的 MultisetTM 和 AttractorsTM 软件就使用了聚类分析的方法分析数据。在这些软件程序中，从一个数据文件切换到另一个数据文件时，区域会随着位置而移动，并囊括这些类，如图 6-35 所示。

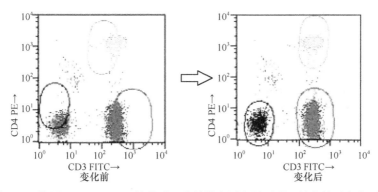

图 6-35 使用 Attractors TM 软件时双参数散点图中椭圆形区域的前后变化对比

# 第六节 流式细胞分析的其他新技术

现代流式细胞术综合了流体力学技术、激光技术、电子物理技术、光电测量技术、计算机技术、荧光化学技术及单克隆抗体技术，是多学科多领域技术进步的结晶。随着现代科技的高速发展，为了满足生命科学对细胞分析更高层次的要求，流式细胞分析技术也在快速发展，并已经在检测技术、分选技术及高通量分析等方面取得了许多突破。本节就流式细胞分析的最新进展做一些介绍。

## 一、流式细胞检测与细胞成像的结合

使用传统的流式细胞检测技术，研究人员可以分析成千上万个细胞，获得每个细胞的散射光信号和荧光信号的数值，从而得到细胞群体的各种统计数据，并可以找到稀有的细胞亚群。但是传统的流式细胞检测技术仍然存在局限，那就是获得的细胞信息很有限。细胞对于研究人员来说，只是散点图上的一个点，而不是真实的细胞图像，缺乏细胞形态学、细胞结构及亚细胞水平信号分布的相关信息。要想获得细胞图像，研究人员就必须使用显微镜进行观察，但显微镜能够观察的细胞数量是非常有限的，很难提供细胞群体的量化与统计数据。因此，使用传统的细胞分析技术，就只能面对这样的两难选择，没有哪一种技术可以既提供细胞群体的统计数据，又获得细胞图像。不过，最近美国 Amnis 公司推出的 ImageStream 成像流式细胞仪，为传统细胞分析带来了突破性的变革。

ImageStream 是一种台式多谱段成像流式细胞仪( multispectral imaging flow cytometry )，能够同时采集 6 个检测通道中的细胞图像( 图 6-36 )。它将流式细胞检测与荧光显微成像结合于一身，既能提供细胞群的统计数据，又可以获得单个细胞的图像，从而提供细胞形态学、细胞结构和亚细胞信号分布的信息。

与传统流式细胞仪类似，ImageStream 也是由液流系统、光学系统和电子系统三大部分组成。液流系统将样本细胞悬液和系统鞘液注入流动室中，使细胞在鞘液流的约束下聚焦在液流的中心，逐个流过检测窗口。光学系统中光源照射通过检测窗口的细胞，从而产生光信号。光源分为两种，一种是用于产生明场细胞图像的卤灯（ bright field illuminator），采用 15mW 的 785nm 辅助固体激光器；另一种是用于产生荧光细胞图像的激光器，采用 200mW 的 488nm 固体激光器。光源照射细胞产生的光信号被具有很大数值孔径的物镜收

图 6-36 ImageStream 流式细胞成像系统

集，然后通过光路系统传递到由二向色镜构成的滤光片堆栈（dichroic filter stack），光信号在这里被分成不同波段投射到一个六通道冷 CCD 上，产生一个明场（明视野）细胞图像、一个暗场（暗视野）细胞图像及 4 个不同荧光通道的细胞图像。ImageStream 的光路系统能够自动调整焦距，并实时测定细胞运动速度，而其冷 CCD 采用时间延迟积分方式（time delay integration，TDI）进行信号采集，上述手段保证了系统采集到的细胞图像的质量。流动系统采用标准流式管和注射器式液流方式，可自定义样品流体积和流速，采用红外激光频率控制技术进行流速控制和样品流跟踪，自动进行实时追踪和反馈控制，实现高速流动状态下的细胞跟踪成像、三维细胞定位和自动聚焦。美国 Amnis 公司推出的 ImageStream 成像流式细胞分析技术光学元件布局图如图 6-37～图 6-39 所示。

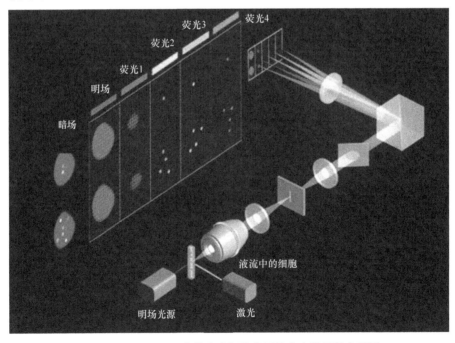

图 6-37 ImageStream 成像流式细胞分析技术光学元件布局图 1

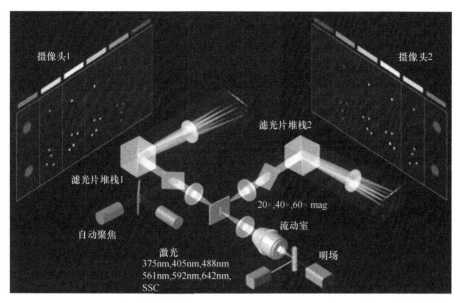

图 6-38 ImageStream 成像流式细胞分析技术光学元件布局图 2

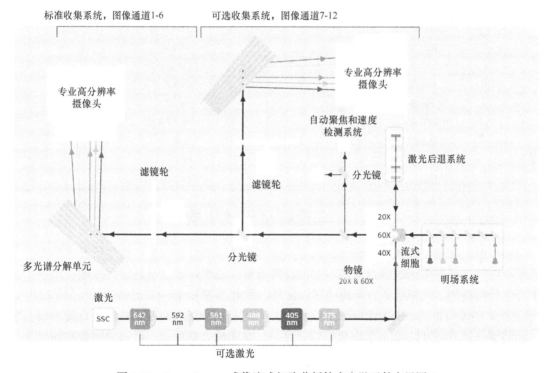

图 6-39 ImageStream 成像流式细胞分析技术光学元件布局图 3

另外，ImageStream 将独特的 785nm 激光器用于检测侧向散射光（SSC）参数，极大提高了该参数的检测灵敏度。光源照射细胞产生的光信号被大数值孔径的物镜收集，然后通过光路系统传递到由二向色镜构成的滤光片堆栈。光信号在这里被分成不同波段投射到 CCD 的相应检测通道上，产生明场细胞图像、暗场细胞图像和多个荧光通道的细胞图像，即每个细胞可以获取 12 幅不同成像。ImageStream 的检测系统十分独特，它所采用的不是传统流式细胞仪的 PMT 检测方式，而是基于时间延迟积分技术（time delay integration，TDI）

的 CCD 采集，保证了系统对于高速运动的流体细胞也能采集高质量的图像。

ImageStream 配有功能强大的数据分析软件 IDEAS，可以对每个细胞分析超过 500 种量化参数。这些参数不仅包括细胞整体的散射光和荧光信号强度，还包括对细胞形态、细胞结构及亚细胞信号分布的分析。ImageStream 的性能参数如表 6-4 所示。

表 6-4 ImageStream 性能参数

| 指标 | 参数 |
| --- | --- |
| 放大倍数 | $60\times/40\times/20\times$ |
| 像素区域 | $0.1/0.25/1.0\mu m^2$ |
| 通道数量 | 6 或 12 高分辨率通道 |
| 视野最大宽度 | $128\mu m$ |
| 定量图形分析 | 标准 |
| 明视场照明 | 10 个标准通道 |
| 激光功率倍频器 | 标配 |
| 375nm 激发光 | 即将面世 |
| 405nm 激发光 | 120mW |
| 488nm 激发光 | 200mW 标配，400mW 选配 |
| 561nm 激发光 | 200mW |
| 592nm 激发光 | 300mW |
| 642nm 激发光 | 150mW |
| 730nm 激发光 | 即将面世 |
| 785nm 激发光 | 70mW |
| 上样形式 | 微型离心管 |
| 自动上样 | 选配 |
| 扩增景深 | 选配 |
| 灵敏度 | 5MESF |

# 二、分选微型模式生物

微型模式动物、模式植物种子、大体积细胞及微球的分选在生命科学研究中有着非常广泛的应用，但是由于这些对象体积太大，普通流式细胞仪难以对其进行分选，而手工镜下分选耗时耗力、效率低下，准确性难以保证，因此美国 Union Biometrica 公司的 COPAS（complex object parametric analyzer and sorter）系统应运而生。COPAS 系统是目前市面上唯一的能够分选 $20\sim1500\mu m$ 生物微粒的全自动、高通量分选系统，可以检测微粒的尺寸、光密度及荧光信号，并根据用户设定的域值，将相应的微粒喷入 96 孔板或其他容器中，整个过程对于微粒的生物活性不会产生任何负面影响（图 6-40）。

COPAS 技术平台是基于流式细胞技术开发的，但它与普通流式细胞技术相比，做了两个重要的改进以适应大体积生物微粒分析与分选的需要。

第一，系统管路直径增大以适应 $20\sim1500\mu m$ 大小的生物微粒，这比普通流式细胞仪用于分选单个真核细胞的管路大得多。每一个 COPAS 系统都针对不同尺寸范围的微粒进行管路的优化设计，以便在高速高通量分选时获得最好的检测灵敏度与准确性。

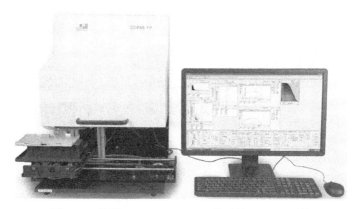

图 6-40　美国 Union Biometrica 公司的 COPAS 系统

第二，专利的气流分选装置——COPAS 技术的核心，如图 6-41 所示。当不需要收集分选微粒时，分选系统会通过气体将液流吹入废液槽中；当需要分选的微粒经过时，分选系统会暂时将气体分流器关闭，使气流中断，然后再重新打开分流器，这样就能将含有待选微粒的液流喷入微孔板或收集容器中。这种分选的方式非常温和，可以保证收集到的生物活体或敏感化学物质的活性和完整性，对于后续的培养和分析不会产生任何负面影响，而普通流式细胞仪一般采用电磁场进行分选，会对生物活体产生较大的影响。

## 三、高通量分析

随着生命科学领域的研究者对于自动化检测和高通量筛查不断提出越来越高的要

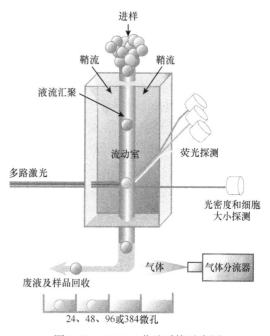

图 6-41　COPAS 分选系统示意图

求，能够自动进行高通量检测的流式细胞系统应运而生。专业流式细胞仪生产厂家 BD 开发的 FACSArray 生物分析仪就是一个典型的例子。FACSArray 系统外形简洁，操作简便，其光学系统配置了 532nm 绿色激光器和 635nm 红色激光器，可以检测 2 个散射光信号和 4 个荧光参数。其整合了 96 孔板上样技术和数字化电子系统，使得样本采集的速度达到 15 000 个/秒，尤其适用于高通量筛选。FACSArray 生物分析仪不仅可以应用于传统的流式细胞分析领域，还可以和 BD 公司开发的流式微珠阵列（cytometric bead array，CBA）技术结合，用于多重蛋白检测，为高通量流式分析创造了一个新的标准平台。BD FACSArray 高通量生物分析仪，如图 6-42 所示。

综上所述，随着现代科技的发展，流式细胞技术已经在检测技术、分选技术及高通量分析方面取得了重大突破，将会为生命科学领域的进步做出更大的贡献。

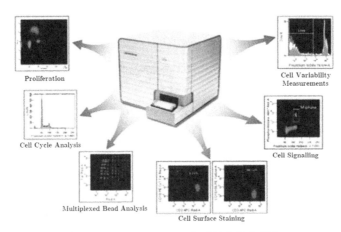

图 6-42　BD FACSArray 高通量生物分析仪

# 复习思考题

1. 细胞分选的方式有哪些?
2. 简述细胞分析设门的原理。
3. 简述流式细胞检测与细胞成像结合的工作原理。
4. 简述流式细胞高通量分析的工作原理。

# 第七章 临床检验仪器的质量控制

随着临床医学检验技术的快速发展，对于疾病的临床诊治，医学检验结果起着至关重要的作用，它是疾病的诊治、预后及预防保健中一个重要的手段。因此，临床检验一定要做好质量控制，保证检验的整个过程均贯穿质量控制，确保检验结果的准确性。

## 第一节 实验室质量管理体系和质量认可简史

1949 年美国病理学家协会（College of American Pathologists，CAP）首先开始研究临床实验室室内质量控制问题，1950 年 Levey 等发表了第一篇关于使用质控图的实验室室内质控，临床检验实验室的室内质控工作正式拉开序幕，该方法至今仍被各临床实验室所使用。20 世纪 60 年代初 Feigenbanm 提出全面质量控制，其理论建立在数理统计质量控制的基础上，同时充分发挥人的因素。到 70 年代，实验室质量控制进入一个新的阶段——全面质量管理，推行实验室管理规范（good laboratory practice，GLP），进入 80 年代，产生了 GLP 的统一标准，实验室质量控制发展到"认可实验室"的管理阶段。

1983 年 Bulluck 提出质量保证（quality assurance，QA）的概念，它优于全面质量控制，并为世界卫生组织（WHO）所采纳。质量保证是指医院实验室为了保证检验结果的质量所进行的全部活动，包括从待测患者的准备、标本收集、试验流程到检验结果被临床医师所用为止。全面质量管理的宗旨在于预防差错的产生。质控图的统计学及质控的目的是检出差错。统计学的实验室室内质控是全面质量管理中的一个重要环节。室间质量评价有利于质量控制或保证，是全面质量管理的一部分，是对某个实验室进行某个试验采用的方法、试剂、仪器以及工作人员的能力等多因素的综合评价，是对上述因素所造成的试验偏差的一种回顾性评价。

目前国际上各个国家大多建立了实验室质量管理体系及其一系列标准。临床实验室普遍采用的国际标准有 ISO/IEC17025、ISO15189、ISO9001：2000，以及美国病理学家协会（CAP）实验室认可体系和美国国家临床实验室标准化委员会（NCCLS）实施的 CLIA 88 标准体系。在欧洲检验医学科学领域的发展亦有 100 多年的历史，专家们创立了 40 多个科学学会，25 个国家建立了国家质量保证程序，其中在 11 个国家中是强制性执行。

1982 年我国卫生部批准成立卫生部临床检验中心，指导各级医疗单位的检验工作，推进实验室管理与质量控制体系的建立。1991 年卫生部部长签署了淘汰 35 项陈旧试验（大都为生化项目）的命令，代之以更加特异而灵敏的试验与方法。1992 年我国发布诊断药品管理文件，分别制定了临床化学体外诊断试剂盒的鉴定标准。中华人民共和国卫生部医政司于 1991 年编写出版了《全国临床检验操作规程》，并于 1995 年制订了质量手册编制指南，结合具体情况建立了质量体系。1997 年卫生部全国卫生标准技术委员会批准成立临床检验标准专业委员会，推进临床检验与临床化学标准化的进程。2006 年 2 月卫生部颁发《医疗机构临床实验室管理办法》，其中指出：医疗机构应当加强临床实验室质量控制和管理。医疗机构临床实验室应当制定并严格执行临床检验项目标准操作规程和检验仪器的标准操作、维护规程。医疗机构临床实验室要开展室内质量控制和室间质量评价，室间质量评价标准按照《临床实验室室间质量评价要求》（GB/ 20032301-T-361）执行。至此，我国检验医学在短短 20 多年时间里逐步走入了规范化和标准化的行列。

中国合格评定国家认可委员会（China National Accreditation Service for Conformity Assessment，CNAS）为提高检测/校准实验室管理和技术能力于近几年还陆续颁布了一批新规则、新规定和新要求，如《测量结果的溯源性要求》、《检测和校准实验室能力的认可准则在校准领域的应用说明》、《"检测和校准实验室能力的认可准则"应用要求》、《实验室认可评审不符合项分级指南》、新版《检验检测机构资质认定管理办法》、新版《检验检测机构资质认定评审准则》等。

# 第二节　临床检验的量值溯源

临床检验的量值溯源（traceability）问题在国际上受到广泛重视。欧洲议会和欧洲联盟理事会颁布的于 2003 年 12 月生效的关于体外诊断器具的指令（Directive 98/79/EC），要求体外诊断器具的校准物质和（或）质控物质定值的溯源性必须通过已有的高一级的参考方法和（或）参考物质予以保证。国际标准化组织（ISO）于 1999 年起草了 5 个相关标准，其中与生产厂家关系比较密切的是 ISO/DIS 17511《校准物质和质控物质定值的计量学溯源性》和 ISO/DIS 18153《酶催化浓度校准物质和质控物质定值的计量学溯源性》。以上指令和标准主要针对诊断试剂的生产。对血站实验室检验来说，国家实验室认可的依据是 ISO/IEC 17025《检测和校准实验室能力的通用要求》。我国国家标准化管理委员会制定的国家标准 GB/T 27025—2008《检测和校准实验室能力的通用要求》和中国合格评定国家认可委员会颁布的《测量结果的溯源性要求》也都对临床检验结果的溯源性做出了明确要求。

# 一、基 本 概 念

（1）量（quantity）：现象、物体或物质可定性区别和定量确定的属性，如"24 小时尿液中葡萄糖的量"就是一个特定的量。

（2）定名标度（nominal scale）：为检验结果定"名"，无大小或先后的含义，也不能求均值，如 ABO 血型、微生物鉴定的试验类型。

（3）定序标度（ordinal scale）：试验结果可以分出大小，但不知具体大多少或小多少，只有供排序的标度。用"是/否"来回答，或用"+"、"++"、"+++"或"++++"回答的试验，以往称作"定性试验"，如此命名是一个不确切的概念。事实上，以上全部都是定量，因为所选择的临界点与该量的某一浓度是相关的。该临界点以上的一个浓度常常称作"阳性结果"，低于该临界点作为"阴性结果"。

（4）生物参考区间（biological reference interval）：为参考分布的中心 95%区间。在某些特定情况下，对参考区间另外取值或不对称取值可能更为恰当。

（5）检验（examination）：旨在确定某一属性的值或特性的一组操作。在血型学、微生物学中，一项检验是数次试验、观察或测量的总体活动。检验的概念较测量更为宽泛。

（6）测量（measurement）：以确定量值为目的的一组操作。

（7）测量方法（method of measurement）：一般描述的是测量操作的逻辑次序。它不具备具体性能参数。一种测量方法可以产生多个测量程序，每个测量程序的性能也可能有所不同。

（8）测量程序（measurement procedure）：是用于特定测量的，根据给定的测量方法具体描述的一组操作。一个测量程序可使操作者直接进行相应特定量的测量，无须提供另外的说明。测量程序对操作的每一个细节进行了规定，因此它有相对固定的性能指标。测量程序有时称为分析方案（analytical protocol）或标准操作程序（standard operation procedure，SOP）。

（9）测量准确度（accuracy of measurement）：测量结果与被测量值真值之间的一致性程度。它涵盖真实度和精密度，既真实又精密的结果才是准确的。不准确度的数字表达是不确定度。

（10）精密度（precision）：在规定条件下获得的独立测量结果之间的接近程度，常用CV%表示。

（11）重复性（repeatability）：在相同条件下（时间、校准、操作者、仪器等）获得的精密度，即所谓的批内精密度。

（12）量值溯源（traceability）：是通过一条具有规定不确定度的不间断的比较链，使测量结果或测量标准的值能够与规定的参考标准（通常是国家计量基准或国际计量基准）联系起来的特性。

## 二、溯源链的结构和工作原理

临床检验的量值溯源有不同模式，其核心内容是使各测量方法的测量值与一项公认的标准发生联系。图 7-1 为根据 ISO/DIS 17511 简化的量值溯源图。

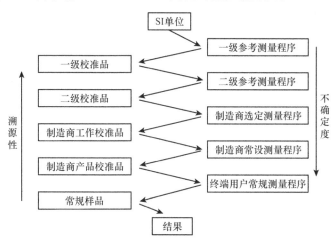

图 7-1 ISO/DIS 17511 校准品和质控品定值的量值溯源简图

一个样品测量结果的溯源性，通过一系列对比测量而建立，对比测量中的测量过程和校准物质的计量学等级由低到高组成一条连续的链（溯源链）。链的顶端是国际单位制（SI）单位（基本或导出单位），SI 单位国际通用，不随时间和空间的变化而变化，因此它们是溯源链的最高级别。

一级参考测量方法是具有最高计量学特性的参考测量过程，它应该是基于特异，无须校准而能溯源至 SI 单位，并具有低不确定度的测量原理，目前认为可用于一级参考测量方法的测量原理仅限于同位素稀释/质谱（isotopic dilution / mass spectrometry，ID/MS）、库仑法、重量法、滴定法等。一级参考物质是测量单位的体现体，具有最可能小的测量不确定度，它可由一级参考测量方法直接定值，也可通过可靠的杂质分析间接定值，一级参考物质一般是高度纯化的被测物质。

二级参考测量方法是经充分论证，其不确定度能满足特定要求，能用于低一级测量方法评价和参考物质鉴定的测量过程。二级参考测量方法用一级参考物质校准。二级参考物质用一种或多种二级参考测量方法定值，一般具有与实际样品相同或相似的基质，主要用于量值传播。一级和二级参考测量方法的建立和维持及一级和二级参考物质的制备有高度的知识、技术和设备要求，故一般由国际或国家计量机构及经认证的参考实验室完成。

一级和二级参考物质一般是经计量权威机构或行政机构认证的认证参考物质（certified reference material，CRM）。上述一级和二级参考测量方法和参考物质称为参考系统，有时参考系统也包括从事参考测量的实验室。图 7-1 中其他环节的工作原理与上述原理类似，只是计量学级别较低，也较灵活，可依各厂家或实验室的不同情况而异。

溯源链自上而下各环节的溯源性逐渐降低，而不确定度则逐渐增加，因此量值溯源过程应尽量减少中间环节。从计量学角度上讲，理想的情况是用一级测量参考方法直接测量样品，省去所有中间环节，这在临床检验中显然是很困难的。

## 三、临床检验参考系统现状

如上所述，参考系统是量值溯源的基础。临床检验样品是生物样品，有高度的复杂性。图 7-1 是理想的溯源链，即溯源终点是 SI 单位。溯源至 SI 单位的前提是必须有一级参考测量方法、一级参考物质和二级参考测量方法。目前国际上常用临床检验项目有 400～600 个，能溯源至 SI 单位的只有 25～30 个，它们主要是一些化学定义明确的小分子化合物，包括电解质类物质（如钾、钠、氯、镁、钙、锂等离子）和代谢类物质（如胆固醇、甘油三酯、葡萄糖、肌酐、尿酸、尿素等）。这些项目虽然所占数目不大，却是临床检验常规项目的主要组成部分。

**表 7-1 临床生化部分项目的三级方法**

| 项目 | 决定性方法 | 参考方法 |
| --- | --- | --- |
| 钙 | ID-MS | 原子吸收分光光度法 |
| 氯 | 电量滴定法、中子活化法 | 电流滴定法 |
| 镁 | ID-MS | 原子吸收分光光度法 |
| 磷 | ID-MS | |
| 钾 | ID-MS、中子活化法 | 火焰光度法 |
| 钠 | 重量分析法、中子活化法 | 火焰光度法 |
| 白蛋白 | — | 免疫化学法 |
| 总蛋白 | — | 凯氏定氮法 |
| 肌酐 | ID-MS、离子交换层析法 | 离子交换层析法 |
| 尿素 | ID-MS | 尿素酶法 |
| 尿酸 | ID-MS | 尿酸酶法（紫外法） |

除上述少量项目外，其余多数临床检验项目因被测物质（主要是生物大分子类物质）的复杂性（如混合物、异构体等），其一级参考测量方法的建立和一级参考物质的制备非常困难，其量值溯源只能停止在较低水平。目前国际上的这类检验项目有以下几种情况：

第一种是有国际参考测量方法（非一级），也有用此参考测量方法定值的国际参考物质。第二种是有国际参考测量方法，无国际参考物质，约有 30 个检验项目属于这种情况。第三种是有国际参考物质及定值方案，但无国际参考测量方法，属于这种情况的检验项目约有250 个。最后还有约 300 个检验项目既无国际参考测量方法，也无国际参考物质。

上述能溯源至 SI 单位的检验项目的高级参考系统（一级和二级参考测量方法、一级参考物质和高准确度基质参考物质）多数由美国国家标准与技术研究院（NIST）、德国临床化学学会（DGKC）和欧洲共同体标准物质局（现为参考物质与测量研究所，IRMM）建立和保持。也有一些大学、医院、研究机构和生产厂家的专业实验室建立了自己的参考测量方法，多年从事参考测量工作，达到了很高的计量水平。不能溯源至 SI 单位的检验项目的参考系统（主要是参考物质）主要来自有关国际组织，如世界卫生组织（WTO）、国际临床化学与检验医学联合会（IFCC）等。

酶催化浓度测量是临床检验的特殊情况，它是活性测量，不是物质测量，测量结果依赖于测量过程，因此酶催化浓度不能单用数字和单位描述，还需说明测量过程。ISO/CD 17511 的垂直标准 ISO/CD 18153 专门讨论酶催化浓度的量值溯源问题，规定 SI 导出单位（mol/s）/$m^3$ 或 kat/$m^3$ 为溯源链的最高等级，要求参考测量方法的各步骤都有明确的定义和描述，能给出标准不确定度，参考物质用相应参考测量方法定值。近几年 IFCC 组织多家国际实验室合作，对过去的 IFCC 酶催化浓度测量方法进行了修改和优化（包括丙氨酸转氨酶、天冬氨酸转氨酶、肌酸激酶、γ-谷氨酰基转移酶、乳酸脱氢酶），并对原参考物质重新定值，已取得令人满意的结果。

## 四、特异性和互通性问题

临床检验量值溯源的两个重要问题是常规测定方法的特异性以及校准品或用于常规测定方法校准及质量控制的参考物质的互通性。常规测量方法特异性高，所测量的量与参考测量方法测量的量完全一致，是量值溯源的前提。然而，由于临床检验被测物质的复杂性，许多常规测量方法，尤其是利用免疫学原理的测量方法，要达到真正意义上的特异性非常困难（如不同厂家的肌钙蛋白 I 试剂的抗体作用于不同抗原决定位点，会出现不同的测量结果）。有些常规测量方法甚至还作用于被测物质以外的其他物质，其特异性问题则更为严重。在这种情况下，仅通过校准品或参考物质逐级溯源显然不能提高测量的准确性。

临床检验参考物质或校准品的互通性，是指在不同溯源阶段中测量参考物质或校准品时，测量方法和测量结果与用这些测量方法测量实际临床样品时测量结果的数字关系的一致程度，亦即该物质的理化性质与实际临床样品的接近程度。参考物质，虽然一般采用与实际样品相同的物质作原料，但出于对被测物质浓度的要求、储存、运输等方面的原因，往往需要对原料成分进行调整并做处理（如加入稳定剂、防腐剂等）。这些经加工的材料在某些测量过程中的表现有时会不同于实际临床样品，这种差异称为基质效应。基质效应是临床检验质量工作中的常见问题。在量值溯源中，它限制了某些参考物质的直接使用。值得指出的是，基质效应的存在，不应是参考物质单方面的原因，认识和解决基质效应问题需要从参考物质和测量方法两方面入手。使参考物质与实际样品尽量接近是必要的，但对基质效应过分敏感的测量方法一般也不是好的测量方法，尤其是对于小分子化合物的分析。由于基质效应是客观存在的，在利用参考物质或校准品进行量值溯源时需要首先鉴定参考物质和常规测量方法之间有无基质效应，鉴定的方法一般是用参考方法和常规方法同时分析参考物质和实际新鲜实测样品。如新鲜实测样品两方法测定结果无偏倚，而测定参考物质时出现偏倚，往往说明参考物质存在基质效应。若有基质效应，需进行修正，或改用无基质效应的参考物质。

鉴于上述特异性和基质效应问题及其他质量问题（线性、灵敏度等）存在的可能性，临床检验量值溯源均需最后验证其有效性。验证方法是用参考测量方法和常规测量方法同时分析足够数量的、有代表性的、分别取自不同个体的实际新鲜样品，然后检查是否存在偏倚。

# 五、量值溯源的作用及其发展

加强临床检验质量工作取得发展的成果之一是人们对量值溯源问题的重视。临床检验的两种外部质量工作方式，一是对某些检验项目进行的标准化工作，二是空间质评计划。回顾这些工作的历史，参考系统一直在保证临床检验质量中发挥着越来越重要的作用。国际上最早成立的最完善、成效最显著的临床检验参考系统当属美国的胆固醇参考系统。它的主要组成部分是美国国家标准与技术研究院（NIST）的决定性方法和一级参考物质、美国疾病控制与预防中心（CDC）的 Abell-Kendall（A-K）参考方法和二级参考物质，以及以此为基础的多种标准化计划。其中一种标准化计划是 CDC/美国国家心肺血液研究所（NHLBI）的血脂标准化计划，该计划用冷冻血清作二级参考物质进行量值传递。该计划历史悠久，不仅在美国国内，在国际上也有重大影响。目前我国有多家实验室参加该计划。鉴于有些检验分析系统甚至对冷冻血清呈现基质效应，用新鲜血清进行量值传递是最有效的方式，CDC 又于 20 世纪 80 年代末建立了胆固醇参考实验室网络（CRMLN），通过分析新鲜血清将常规方法与参考方法直接对比，以解决不同厂家产品和临床实验室血脂分析的量值溯源问题。上述标准化计划除胆固醇外，还包括高密度脂蛋白胆固醇和甘油三酯的标准化，近年来 CRMLN 对厂家的认证计划中还包括了低密度脂蛋白胆固醇。上述血脂标准化计划使美国胆固醇分析的不确定度由 1969 年的 18%降至 1994 年的 5.5%～7.5%。此项工作为国家胆固醇教育计划（NCEP）的有效实施做出了突出贡献。上述胆固醇参考系统和标准化计划可为其他检验项目量值溯源提供一个很好的模式。

# 六、我国临床检验参考系统现状

我国临床检验量值溯源和参考系统的建设处于初始阶段。目前唯一具有比较完善的参考系统的检验项目是胆固醇，该参考系统由北京医院老年医学研究所和国家标准物质研究中心制备的纯度标准物质（GBW09203a 和 GBW09203b）（一级参考物质）、北京医院老年医学研究所建立的参考方法和该研究所制备的血清标准物（GBW09138）（二级参考物质）组成。目前国内有关学者正在研究血清酶、甘油三酯、高密度脂蛋白胆固醇和低密度脂蛋白胆固醇、血栓与止血检验项目等的标准化问题。

量值溯源作为提高检验质量的重要手段受到越来越广泛的重视，检验结果的溯源性将可能成为检验试剂生产和临床实验室检验工作的重要质量指标。开展量值溯源工作需要参考系统。我国临床检验参考系统还很不完善。根据临床需要，建立必要的临床检验参考系统，加强有关国际合作，应成为我国医学检验和计量学工作者的重要课题。值得指出的是，临床检验量值溯源的中心目的是提高和保证临床诊断与治疗的有效性，鉴于建立参考系统是一项耗资很大的工作，故开展此项工作应有合理的针对性，不应为溯源而溯源。另外，量值溯源也不是万能的，还有其他影响检验质量的因素，如各种分析前误差、方法本身存在的严重质量问题、各种人为失误等。

# 第三节　临床检验过程的质量控制分析

在各种高科技医学技术的推动之下，临床检验的质量控制也更加准确，更加有效。医院临床检验的质量控制分析不仅受到科学思维的影响，同时又和正确的检验方法有着密切的联系。随着社会的发展和医学技术的进步，以及公民对于医疗服务保健意识的提高，人们对于医院的检验水平也提出了更高的要求，临床检验仪器的质量控制显得尤其重要。医院临床检验质量的好坏将会影响医院的长久发展及进步，是医院整体服务质量的基础保证。

随着市场经济环境的逐步成熟，医院之间的竞争越来越激烈，因此，医院为了能够得到更加长久的发展，必须提高医疗服务的质量，而临床检验作为体现医院医疗服务水平的一个重要方式，其质量的好坏直接关系到受检验者的健康状态。目前我国医院的技术水平比较全面，科室比较多，所以医院的临床检验工作比较繁重，医院临床检验的质量也变得更加重要。

## 一、临床检验的质量控制

临床检验的质量控制一般包括：临床检验前的质量控制、临床检验中的质量控制和临床检验后的质量控制。

**1. 临床检验前的质量控制**　分析前阶段又称检验前过程，该阶段始于来自临床医师的申请，包括检验要求、患者准备、原始样本采集、运送到实验室并在实验室内部的传递，至检验分析过程开始时结束。

作为整个临床检验的起始过程，临床检验前的质量控制是最容易出现问题的一个环节，并且存在着很多潜在的危险因素。所以检验分析前阶段质量保证是临床实验室质量保证体系中最重要、最关键的环节之一，是保证检验信息正确、有效的先决条件，而检验信息的有效性是检验工作的目的也是检验质量的重要内涵之一。检验信息不正确、不可靠，不仅会造成人力、物力的浪费，还可能对临床诊治产生误导，延误对患者的及时诊治。临床检验前的主要工作包括如下方面。

第一，检验项目的正确选择。检验项目的选择是否正确，是检验信息是否有用的前提。检验项目的选择主要由临床医师决定，为使检验项目的选择正确、合理，临床实验室应做的工作如下：

向临床提供本实验室所开展检验项目的清单或称"检验手册"。其内容至少应包括：①检验项目名称；②英文缩写；③采用的方法；④标本类型；⑤生物参考区间；⑥主要临床意义；⑦结果回报时间；⑧其他。

这个清单应不定期更新，同时必须保证所开展的检验项目皆为临床准入的项目，即按照卫生部规定的临床检验项目和临床检验方法开展检验工作，已停止临床应用的、已淘汰的项目、临床价值尚不明确的项目（如尚处于研究阶段）、技术尚不成熟的项目不应开展。

第二，患者的准备。患者状态是影响检验结果的内在的生物因素，包括固定的因素和可变的因素两个方面。

（1）固定的因素：如患者的年龄、性别、民族等，它们的参考区间是不同的。检验分析前阶段的质量保证工作主要考虑的不是这方面的因素。

（2）可变的因素：如患者的情绪、运动、生理节律变化等为内在因素；饮食、药物的影响等为外源性因素。其他甚至如采取血标本时的体位、止血带绑扎时间等都可能影响检验结果。例如，进食一顿标准餐，可使血中甘油三酯（TG）增高 50%、葡萄糖（Glu）增高 15%。进食高碳水化合物食物，可引起 Glu 增高；进食高蛋白或高核酸食物，可引起血中血尿素氮（BUN）及尿酸（UA）增高；进食高脂肪食物，可引起 TG 的大幅度增高，餐后采集的血液标本，血清常出现乳糜状，可影响许多检验测定的准确性。由于人们饮食的多样性，消化、吸收及代谢等的生理功能又各不相同，因此控制这一因素的唯一办法就是空腹采集标本，特别是血标本。

第三，标本的正确采集。为采集到高质量的检测标本，采样应注意以下几点：①选择最佳采样时间，避免干扰。②选择检出阳性率最高的时间；如尿常规宜采取晨尿，由于肾脏具有浓缩功能，易发现尿液中的病理成分。③细菌培养应尽量在抗生素使用前采集标本等。④选择对诊断最有价值的时间，如急性心肌梗死患者查心肌肌钙蛋白 T（cTnT）或心肌肌钙蛋白 I（cTnI），在发病后 4～6h 采样较好。⑤采取具代表性的标本，如大便检查应取黏液、血液部分，痰液检查应防止唾液混入，末梢血采集时防止组织液的混入等。⑥输液的患者输液完毕至少 1h 后方可采取血液标本送检。⑦静脉采血时患者应取坐位或卧位，止血带使用后 1min 内采血，回血后立即松开，同时抗凝剂、防腐剂、容器要正确选择，防止标本受到污染。

第四，标本的运输。标本从采集部门输送到临床实验室应注意：应由医护人员或经训练的护工输送，该人员必须经专业培训，具备相应知识（如运输途中保证标本质量不受影响，保证标本送达实验室的及时性、标本输送过程中的安全性及发生意外时的处理措施等），并经该实验室负责人授权。保证标本输送途中的安全性，防止过度震荡、防止标本容器的破损、防止标本被污染、防止标本及唯一性标志的丢失和混淆、防止标本对环境造成污染、防止水分蒸发等。标本采集后应及时送检，有些检测项目的标本（如血气分析等）应立即送检。标本的采集时间、收到时间应有记录。

第五，标本的验收。标本送至实验室后应有专人验收，验收的基本程序和内容：①唯一性标志是否正确无误；②申请检验项目与标本是否相符；③标本容器是否正确，有无破损；④检查标本的外观及标本量，其中标本外观包括有无溶血、血清是否呈乳糜状、抗凝血中有无凝块等，细菌培养的标本检查有无被污染的可能；⑤检查标本采集时间到接收时间之间的间隔。验收情况应有记录，对于不合格标本应拒收。标本不合格的情况应及时反馈给申请科室。在某些情况下，拒收或退回标本如有困难，应与申请医师直接联系，提出处理意见，如仍需做检验应在检验报告单上对验收不合格的情况进行描述，并提醒对检验结果可能产生的影响。

**2. 临床检验中的质量控制**　临床检验中的质量控制是指由实验室标本检测开始，直至分析过程结束，包括方法的选择和评价、仪器与试剂的管理、环境及实验用水、室内质量控制、室间质评等，是临床检验质量保证过程中实验室工作人员可以控制的部分，也是实验室质量保证的难点，需要实验室工作人员提高自我素质，通力合作，为临床提供正确可靠的检测结果。

首先，实验室要想把质量放在首位，应选用一个可靠的检测方法，即有一定精密度和准确度的方法。方法的选择和评价是执行新方法过程的关键步骤。同时，必须保证仪器的良好运转，加强仪器的维护和保养，定期做好校准，从而保证仪器始终处于良好的状态，对于出现故障的检验仪器，应该及时地对相关部件进行更换，并且做好使用、维护、校准和维修记录。

其次，在检验的过程中，一定要按照相应的流程准备试剂，试剂的调配需要按照说明书进行，调配好的试剂应该放置于低温环境中存放，以防止其挥发；对于长时间没有使用过的试剂，应密切地观察试剂的稳定性，对于已经不符合质量要求的试剂应禁止使用。

最后，应建立和完善一套质量管理体系，严格控制临床检验的质量，一套有效的质量管理体系能够使临床检验更加规范，更加准确。实验室应注重人员的培训，做好室内及室间的质量控制。室内质控是指一个实验室内部对所有影响质量的各个环节进行系统控制，目的是控制本实验室常规工作的精密度，提高常规工作前后的一致性。如室内质控失控，必须寻找原因，纠正失控后才能将报告发出。室间质评是利用实验室间的对比来确定实验室能力的活动，它也是为确保实验室维持较高的检验水平，而对其能力进行考核、监督和确认的一种验证活动。实验室要认真对待每一次的室间质评结果并分析原因，发现问题并采取相应改进措施，使实验室结果真正达到准确、可靠、及时、可比的要求。同时，检验人员还应该意识到原始数据的法律效力，确保数据的完整性，做好记录，准确的检验记录是检验工作的依据，是直接地反映检测过程的数据资料。

**3. 临床检验后的质量控制**　临床检验后的质量控制主要包括审核检验结果、发布结果报告、检验后保存标本及医疗废弃物的处理等几项内容。检验结果是临床实验室日常检验工作的最终产品，应该牢记：不正确的检验结果是对患者的伤害，检验结果不能及时回报和不能及时用于临床是对检验资源的最大浪费。

第一，应该对检验结果进行仔细的审核，因为医疗仪器的现代化、临床检验的自动化及系统化程度越来越高，这就要求检验人员间更加密切地配合，如果哪一个环节出现了问题，那么整个环节都将受到影响，因此实验室必须建立严格的检验报告单的签发审核制度，检验人员必须要有对每一个环节都认真负责的态度。另外，对于检验的结果还要进行横向的分析比较，如果发现检验结果异常，应立即和近期的检验结果进行对比分析，认真地核对每一个数据，甚至还有必要对患者的标本采集情况进行跟踪了解，从而保证检验数据的准确性。

第二，定期与临床沟通，检验报告单发放出去以后，需要定期对检验科工作进行总结随访，完善工作，为检验科的长期发展做必要准备。其内容包括：急检项目的报告时限完成率，危急值在规定时间内能否报告临床，对临床医生及患者的特殊检验要求是否及时回复，危急值的定期更改与探讨，参考范围重新设定时与各科室的沟通和对科室提出的特殊检验项目在检验科的设立等。这些都是对检验科检验分析后质量控制的要求，这些内容关系到检验科工作的长期发展，是检验科工作的重中之重，应当引起足够的重视。

第三，检验分析后质量控制，要求能对检验结果做出正确判断，是真的异常还是假性异常，这就要求审核者首先自身具有一定的知识水平，才能发现工作中存在的问题，只有发现问题才能想办法解决问题。对检验人员进行适当的培训学习是非常有必要的，包括参加检验相关专业的学习，参加检验学术的交流会等。另外，可以通过科室每日的交班工作，将遇到的问题提出来，互相分享解决办法，互相学习经验，以后可以避免错误的发生；检验人员要提高自我素养，以服务患者为最高目标，将"以最快的速度发出最准确的报告单"作为最高目标，严格要求自己，提高工作质量。

除了上述控制手段之外，医院还应该组织成立质量控制领导小组，加强对各检验科室的制度管理；加强检验科人员和临床医师之间的互动沟通，使得信息更加流畅，使临床检验工作更加有效。

下面将介绍血细胞分析的质量控制和尿液分析的质量控制。

# 二、血细胞分析的质量控制

血细胞分析的质量控制也将从分析前的质量控制、分析中的质量控制和分析后的质量控制3方面进行叙述。

**1. 分析前的质量控制** 分析前的质量控制包括：①做好操作人员上岗前的培训，选择高素质的专业技术人员；②按照仪器说明书的要求，做好仪器的安装和校准；③对仪器测试标本的总变异性、精密度、携带污染率、线性范围、准确性等进行测试、评价；④注意标本的采集和储存要求。

据统计，从医生提交检验申请单到检测标本送到实验室的过程所用的时间占全部检测时间的57.3%，此阶段出现质量问题的概率占70%，因此做好分析前的质量控制是保证血细胞分析检验质量的重点。

**2. 分析中的质量控制**

（1）测定时间对标本的影响：标本取好后，放置时间的长短会对标本的质量产生影响。在标本收集后的8h内（室温）检测，可以得到最佳的检测结果。白细胞分类可稳定6～8h，但2h后粒细胞形态即有变化。如果不需要血小板和白细胞分类的准确数据，则标本可以在2～8℃的条件下保存24h。如果取血后立即检测，标本的血小板和白细胞体积分布直方图可能也是异常的，放置一段时间后再测定就可得到分布正常的直方图。预稀释标本一般需要在标准制备后10min内予以测量。如果稀释液中添加细胞稳定剂，预稀释标本的存放时间也不可超过4h。

（2）试剂的配套使用：用全自动血液分析仪进行血常规检验时，最好用该分析仪的原装配套试剂，如果条件不允许，也要选择和溶血素配套的稀释液。其中溶血素的选择很关键，它直接影响到血细胞的检验质量。溶血素的质量不好，会造成溶血不完全，使未溶解的红细胞计数到白细胞中，造成白细胞数假性增高，血红蛋白测定值偏低。另外，也可能会使白细胞明显变形，使白细胞直方图异常，白细胞分类计数结果不准确，甚至不能进行分类计数。

（3）仪器的校准：为了保证测试结果的准确性，除了测定仪器的定期保养外，还要定期进行仪器的校准。仪器校准前彻底清洗管道，去除管道中的残留血液、吸附的蛋白和纤维等，然后测定试剂空白，本底要符合要求。检查标准物是否在有效期内，外观有无变化。标准物从冰箱取出后，要平衡至室温，轻轻混匀。在仪器上测定标准物11次，第1次数据不用，从第2次到第11次计算均值、标准差、绝对误差和相对误差，测定结果不符合要求，则需通知厂家维修和调整仪器。

（4）标本自身的影响：标本自身的因素也会对血细胞检验的结果造成影响，其中血小板计数最容易受干扰。由于血小板计数的阈值是 2～24fl，3～20fl 为准确计数阈值，20～24fl 为血小板计数的漂浮阈值。当小红细胞体积＜24fl 时，计入血小板，使血小板假性增高；巨大血小板和血小板聚集，计入红细胞，使血小板计数假性减低。有核红细胞增多会使白细胞计数假性增高，而淋巴细胞分群中也可能存在体积稍小的嗜碱粒细胞，使淋巴细胞分类计数假性增高等。

（5）每日做好室内质控：血常规的室内质控可以用两种方法结合使用。一种是用全细胞质控物，每天随常规样本测定，然后绘制质控图，观察其均值、标准差是否有漂移，另一种是用红细胞平均指数即浮动均值分析法进行质控，该法的分析基础在于综合性，即病种各异的患者红细胞指数[平均红细胞体积（MCV）、平均红细胞血红蛋白量（MCH）、平均红细胞血红蛋白浓度（MCHC）]的均值是稳定的，因此测定中可以通过患者红细胞指数的变化规律来进行质量控制。

**3. 分析后的质量控制**　当检验结果出来后，对检验结果的正确分析，是分析后质量控制的关键。其中包括：①根据白细胞直方图及参数变化确定白细胞分类是否需要显微镜检查；②注意分析实验结果中各参数之间的关系；③注意与临床资料进行相关性分析；④根据医生的意见，及时纠正潜在引起实验偏差的趋势，提高检验质量。

（1）正确判断是否需要人工显微镜复查：中华医学检验学会 1995 年提出这样一个标准，规定凡出现以下情况之一者，都应当进行显微镜复查：①血细胞计数结果明显异常；②血细胞直方图异常，红细胞、白细胞、血小板任何一个直方图的峰值出现偏移；③出现警示信号。这需要操作人员在日常工作中严格执行。

（2）注意分析检验结果各参数之间的关系，对异常结果做出正确判断：例如，当红细胞直方图峰值左移时应观察血涂片，检查是否红细胞体积偏小，再结合 MCH，可分析是否有血色素含量减少；当峰值右移时应观察血涂片，检查是否红细胞体积偏大，结合 MCH，可分析是否有血色素含量增多；如血小板直方图出现尾部曲线上升的形态，要注意观察是否有小红细胞增多（如严重的缺铁性贫血），这些体积小于 20fl 的小红细胞可能进入血小板的计数范围之中，使血小板计数假性增高。

（3）加强与临床医护人员的联系：对在检测中出现的异常和阳性结果，要及时主动和临床医生取得联系，结合临床资料进行相关性分析，对有疑问的做到合理解释，并及时纠正潜在引起实验偏差的趋势，发现危急值应在规定时间内及时上报，以使临床医生及时处理病情。

总之，为确保血细胞检验结果的准确，需要把握好分析过程的每一个环节，通过严格的保证措施，控制实验误差在允许的范围内，尽量减少误差，提高实验结果的准确度和精密度，更好地为临床和患者服务。

# 三、尿液分析的质量控制

尿液分析的质量控制也将从分析前的质量控制、分析中的质量控制和分析后的质量控制 3 方面进行叙述。

**1. 分析前的质量控制**　尿液分析前的质量控制包括以下几个方面。

（1）正确留取尿液标本：明确告知患者留取尿液的时间，是否应停止服药，以及留取标本的具体要求。

（2）尿液常规检查标本采集方法

1）晨尿。最好安静状态下留取清晨第一次尿，因尿液浓缩，无其他影响。

2）随机尿。较常用，随时留尿，适用于门诊和急诊患者，结果易受多种因素影响。

3）清洁尿。中段尿、导管尿、膀胱穿刺尿，用于病原微生物学培养、鉴定和药敏试验。

4）24h尿。用于尿液成分24h定量检查分析。

5）3h、12h等计时尿和餐后尿等特殊实验尿。

（3）男性、女性患者采集尿液的注意事项：女性患者应避免在月经期留取尿液标本，防止混入阴道分泌物；男性患者应避免前列腺液或精液的混入，应冲洗外阴后留取中段尿，必要时应导尿。

（4）尿液容器要求：收集尿液的容器应洁净干燥，并有一定的容积。如进行细菌培养则容器应消毒处理。如标本收集后2h内不能测定，应置冰箱冷藏，测试前必须恢复室温。

**2. 分析中的质量控制**　尿液分析中的质量控制包括以下几个方面。

（1）检验前应严格校对患者姓名、检测项目、标本条码等与申请单是否一致。

（2）必须在2h内检测完毕，并记下完成时间。

（3）每次开机应首先检测仪器，确保其处于正常状态，应先检测质控物质浓度，保证在质控物质未失控的情况下进行标本的检测。

（4）定期检查多联试剂带的质量，注意其有效期。保存时要防潮，使用前应先恢复至室温。

（5）严格执行操作规程，正确操作仪器及使用试剂带。

**3. 分析后的质量控制**　尿液分析后的质量控制包括以下几个方面。

（1）报告发出前要认真核对，分析相关检测项目之间的关系，必要时与临床联系，及时发现和纠正实验室误差。

（2）要保证尿液一般检查的质量，应注意以下几点。

1）采集高质量的尿液标本，去除人为干扰的尿液标本。通常第一次晨尿是最有价值的能有效反映肾病理的标本，应及时送检。

2）掌握规范的检验技术。检验人员必须建立实验室规范统一的操作步骤，以尿液全面质量控制为前提，充分考虑每项检验结果的各项因素；从标本采集、转运、处理、检测直到报告结果等各个环节都予以严格的关注，并制定相应的措施。

3）熟悉检验方法的敏感性和特异性。一般尿液检验多为定性或半定量试验，不同的加样方法具有不同的敏感性和特异性，故临床医师和检验人员均应熟悉各方法的应用范围及局限性，以便正确评价检验结果的准确性。

4）结合临床与检测原理，综合分析尿液检验结果。

# 第四节　质量控制分析的一般方法及其应用

质量控制指控制系统的精密度、准确性及重复性。通常情况下根据从样本数据中计算出的值来作质控图，以便利用统计数字来管理系统的质量。

## 一、质控图的制作

分别测定高、中、低3个浓度的质控品20次，计算平均值、标准差（SD，以下简写为 S）、变异系数（CV）、±2S、±3S，绘制质控图。

# 二、失控的判断

采用 Westgard 多规则控制方法进行失控的判断。

（1）$1_{2S}$ "警告"规则：1 个质控结果超过均值±2S，仅用作"警告"，并启动其他规则来检验质控数据，由随机或系统误差引起，如图 7-2 所示。

（2）$1_{3S}$ 失控规则：1 个水平质控值超出±3S，提示随机误差或系统误差增大造成的失控，该规则主要对随机误差敏感，如图 7-3 所示。

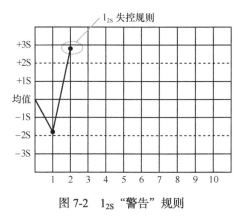

图 7-2 $1_{2S}$ "警告"规则

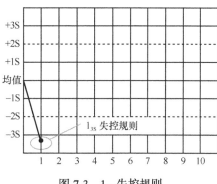

图 7-3 $1_{3S}$ 失控规则

（3）$2_{2S}$ 失控规则：该规则对系统误差敏感，有 2 种表现：①同一个水平的质控品连续 2 次控制值同方向超出+2S 或–2S 限值；②在一批检测中 2 个水平的质控值同方向超出+2S 或–2S 限值，如图 7-4 所示。

（4）$R_{4S}$ 失控规则：提示随机误差增大造成的失控。①同一个水平的质控品连续 2 次质控值一正一负 S 值相距超过 4S 的情况。②在同一批检测中，2 个水平质控值一正一负 S 值相距超过 4S 的情况（如一个水平质控品的控制值超出+2S 限值，另一个水平控制品超出–2S 限值），如图 7-5 所示。

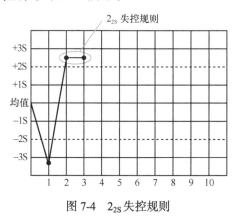

图 7-4 $2_{2S}$ 失控规则

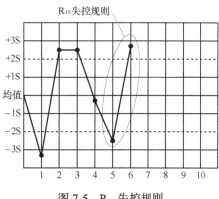

图 7-5 $R_{4S}$ 失控规则

（5）$4_{1S}$ 失控规则：4 个连续的质控结果同时超过均值+1S 或均值–1S，该规则对系统误差敏感。

（6）10×失控规则：10 个连续的质控结果落在均值的一侧，该规则对系统误差敏感。

# 三、失 控 处 理

在进行质控时若发现失控，应该填写失控报告单，简单、迅速回顾整个操作过程，分析、查找可能发生误差的因素。如未发现明显差错可按以下步骤进一步查找原因：①立即重测同一质控品，如重测结果仍不在允许范围则可以进行下一步操作；②新开一瓶质控品重测失控项目，如果结果仍不在允许范围则进行下一步；③检查失控项目的试剂，更换试剂后重做质控，如果结果仍不在允许范围则进行下一步；④进行仪器维护重测失控项目，如果结果仍不在允许范围则进行下一步；⑤检查校准相关记录并重新校准，重测失控项目；⑥请求仪器厂家帮助。

# 四、失控复查结果分析

（1）如果查出是质控品的问题，查出原因并纠正。

（2）如果查出是校准品的问题，用新的校准品读数重新计算全部结果，查找原因并纠正，制定防范措施。

（3）如果一个批次的校准品有问题，更换校准品，再复查。

（4）试剂要求：所有试剂必须在有效期内，并按照试剂说明书的要求存放。

（5）仪器维护：仪器定期由厂家进行维护保养和校准。

下面以血液分析仪为例，说明质量控制的方法。血液分析仪中质量控制方法有三种程序，分别是：①$\bar{x}$-$R$；②$\bar{x}_B$；③$\bar{x}_D \cdot CV$。这里以$\bar{x}$-$R$进行说明。

$\bar{x}$-$R$程序及质量控制步骤概要如下。

此$\bar{x}$-$R$程序计算及显示了每天的$\bar{x}$（第一次和第二次计数同一个血液质控样本的平均值）和$R$（第一次和第二次计数同一个血液质控样本的差异）。$\bar{x}$-$R$程序则计算$\bar{\bar{x}}$和$\bar{R}$（几天内$\bar{x}$的平均值和$R$的平均值）。可以用该程序中的数据为每一个参数绘制质量控制图。存储器能保存最近14天的数据。每天使用血液分析仪，计数血液质控$n$次（$n \geq 2$），连续计数$k$天（10～14天）。

血液分析仪自动计算每天的平均值和差异，以及$k$天内的平均值和差异。

计算$\bar{\bar{x}}$和$\bar{R}$：

$$\bar{\bar{x}} = \frac{\sum \bar{x}}{k}, \quad \bar{R} = \frac{\sum R}{k}$$

式中，$\bar{x}$为1天的平均值；$R$为1天的差值；$\bar{\bar{x}}$为$k$天的平均值；$\bar{R}$为$k$天的差值。

计算$\bar{x}$和$R$的上、下限：

质量控制图像的上、下限按3-$\sum$方法计算。

若血液控制每天计数$n$次（$n \geq 2$），$\bar{x}$的上、下限如下所示。

$\bar{x}$的上限（UCL）$= u + 3\dfrac{\sigma}{\sqrt{n}} = \bar{\bar{x}} + 3\dfrac{\bar{R}}{\sqrt{n}d_2}$

$\bar{x}$的下限（LCL）$= u - 3\dfrac{\sigma}{\sqrt{n}} = \bar{\bar{x}} - 3\dfrac{\bar{R}}{\sqrt{n}d_2}$

其中，$\sigma$为标准偏差估计；$u$为真实情况估计。

$R$ 的上限：$d_2\sigma + 3d_3\sigma = (d_2 + 3d_3)\dfrac{R}{d_2} = \left(1 + 3\dfrac{d_3}{d_2}\right)R$

$n$ 与（$\bar{x}$ 的）$d_2$ 或 $d_2$ 与（$R$ 的）$d_3$ 的关系如表 7-2 所示。

表 7-2 质控次数与 $d_2$ 和 $d_3$ 的关系

| $n$ | $d_2$ | $1/d_2$ | $d_3$ |
|---|---|---|---|
| 2 | 1.128 | 0.8862 | 0.853 |
| 3 | 1.693 | 0.5908 | 0.888 |
| 4 | 2.059 | 0.4857 | 0.880 |
| 5 | 2.326 | 0.4299 | 0.864 |
| 6 | 2.534 | 0.3946 | 0.848 |
| 7 | 2.704 | 0.3698 | 0.833 |
| 8 | 2.847 | 0.3512 | 0.820 |
| 9 | 2.970 | 0.3367 | 0.808 |
| 10 | 3.078 | 0.3249 | 0.797 |

$\bar{x}$-$R$ 图像实例：以下是实际测得的数据和红细胞图像的实例（表 7-3、图 7-6、图 7-7）。

表 7-3 14 天实测数据表格

| 天数 | 所得数据 | | $\bar{x}$ | $R$ |
|---|---|---|---|---|
| | 第一次 | 第二次 | | |
| 1 | 4.82 | 4.76 | 4.79 | 0.06 |
| 2 | 4.79 | 4.80 | 4.80 | 0.01 |
| 3 | 4.80 | 4.85 | 4.83 | 0.05 |
| 4 | 4.71 | 4.77 | 4.74 | 0.06 |
| 5 | 4.80 | 4.89 | 4.85 | 0.09 |
| 6 | 4.82 | 4.83 | 4.83 | 0.01 |
| 7 | 4.77 | 4.74 | 4.76 | 0.03 |
| 8 | 4.77 | 4.80 | 4.79 | 0.03 |
| 9 | 4.68 | 4.74 | 4.71 | 0.06 |
| 10 | 4.91 | 4.92 | 4.92 | 0.01 |
| 11 | 4.73 | 4.77 | 4.75 | 0.04 |
| 12 | 4.79 | 4.80 | 4.80 | 0.01 |
| 13 | 4.77 | 4.73 | 4.75 | 0.04 |
| 14 | 4.77 | 4.82 | 4.80 | 0.05 |
| | | | $\bar{\bar{x}} = 4.794$ | $\bar{R} = 0.0393$ |

注：$n = 2$，$d_2 = 1.128$，$d_3 = 0.853$。

$\bar{x}$ 的图像如图 7-6 所示：

$$\bar{x} \text{ 的上限} = \bar{\bar{x}} + 3\frac{1}{\sqrt{n}d_2}\bar{R} = 4.794 + 1.88 \times 0.0393 = 4.868$$

$$\bar{x} \text{ 的下限} = \bar{\bar{x}} - 3\frac{1}{\sqrt{n}d_2}\bar{R} = 4.794 - 1.88 \times 0.0393 = 4.720$$

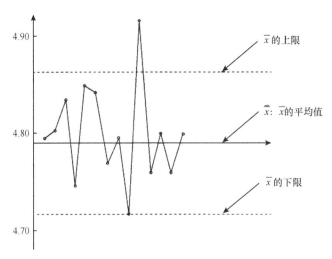

图 7-6　RBC 的 $\bar{x}$ 图像

$R$ 的图像如图 7-7 所示：

$$R \text{ 的上限} = \left(1 + 3\frac{d_3}{d_2}\right)\bar{R} = 3.27 \times 0.0393 = 0.129$$

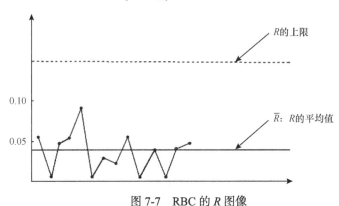

图 7-7　RBC 的 $R$ 图像

数据超出极限：

正常情况下，$\bar{x}$ 和 $R$ 图像上的点分别在 $\bar{x}$ 的上、下限以内的范围和 $R$ 的上限与零位的范围内变化。如果数据超出上、下限，可能有下列原因：

（1）$\bar{x}$ 图像

1）稀释液、溶血剂或血液质控品化学降解或超过使用期，可能是由环境因素造成的，如湿度、室温或不恰当的保存。

2）不同血液质控品的组成不同。

3）血液分析仪故障。

（2）$R$ 图像

1）血液混匀不充分。

2）稀释液温度变化。

3）不洁的液体进入检测孔、定量部、测定池或附属池。

4）仪器故障，如稀释比例错误或电路错误。

# 第五节　临床检验仪器监管类别

按照《医疗器械监督管理条例》（2017 版）（中华人民共和国国务院令第 680 号），国家对医疗器械按照风险程度实行分类管理。第一类是风险程度低，实行常规管理可以保证其安全、有效的医疗器械；第二类是具有中度风险，需要严格控制管理以保证其安全、有效的医疗器械；第三类是具有较高风险，需要采取特别措施严格控制管理以保证其安全、有效的医疗器械。

第一类医疗器械产品备案，由备案人向所在地设区的市级人民政府食品药品监督管理部门提交备案资料。其中，产品检验报告可以是备案人的自检报告；临床评价资料不包括临床试验报告，可以是通过文献、同类产品临床使用获得的数据证明该医疗器械安全、有效的资料。

申请第二类医疗器械产品注册，注册申请人应当向所在地省、自治区、直辖市人民政府食品药品监督管理部门提交注册申请资料。

申请第三类医疗器械产品注册，注册申请人应当向国务院食品药品监督管理部门提交注册申请资料。

第一类医疗器械产品备案，不需要进行临床试验。申请第二类、第三类医疗器械产品注册，一般应当进行临床试验。

临床检验仪器包括：血液分析系统、生化分析系统、免疫分析系统、细菌分析系统、尿液分析系统、生物分离系统、血气分析系统、基因和生命科学仪器、临床医学检验辅助设备等。它们的管理类别如表 7-4 所示。

**表 7-4　临床检验仪器及其管理类别**

| 序号 | 名称 | 品名举例 | 管理类别 |
|---|---|---|---|
| 1 | 血液分析系统 | 血型分析仪、血型卡Ⅲ | Ⅲ |
| | | 全自动血细胞分析仪，全自动涂片机，半自动血细胞分析仪，半自动血栓、血凝分析仪，自动血库系统，血红蛋白测定仪，血小板聚集仪，血糖分析仪，血流变仪，血液黏度计，红细胞变形仪，血液流变参数测试仪，血栓弹力仪，流式细胞仪，全自动血液止血分析系统，全自动凝血纤溶分析仪 | Ⅱ |
| 2 | 生化分析系统 | 全自动生化分析仪、全自动快速（干式）生化分析仪、全自动多项电解质分析仪、半自动生化分析仪、半自动单/多项电解质分析仪 | Ⅱ |
| 3 | 免疫分析系统 | 全自动免疫分析仪 | Ⅲ |
| | | 酶免分析仪、酶标仪、荧光显微检测系统、特定蛋白分析仪、化学发光测定仪、荧光免疫分析仪 | Ⅱ |
| 4 | 细菌分析系统 | 结核杆菌分析仪、药敏分析仪 | Ⅲ |
| | | 细菌测定系统、快速细菌培养仪、幽门螺旋杆菌测定仪 | Ⅱ |
| 5 | 尿液分析系统 | 自动尿液分析仪及试纸 | Ⅱ |
| 6 | 生物分离系统 | 全自动电泳仪、毛细管电泳仪、等电聚焦电泳仪、核酸提纯分析仪，低、中高压电泳仪、细胞电泳仪 | Ⅰ |
| 7 | 血气分析系统 | 全自动血气分析仪、组织氧含量测定仪、血气采血器、血氧饱和度测试仪、$CO_2$红外分析仪、经皮血氧分压监测仪、血气酸碱分析仪、电化学测氧仪 | Ⅱ |
| 8 | 基因和生命科学仪器 | 全自动医用 PCR 分析系统 | Ⅲ |
| | | 精子分析仪、生物芯片阅读仪、PCR 仪 | Ⅱ |
| 9 | 临床医学检验辅助设备 | 超净装置、血球记数板、自动加样系统、自动进样系统、洗板机 | Ⅱ |

# 复习思考题

1. 简述临床检验量值溯源的概念。
2. 简述临床检验过程的质量控制分析的一般过程。
3. 质控分析的方法有哪些?

# 参 考 文 献

方肇伦，2003. 微流控分析芯片. 北京：科学出版社.

郭小兵，李兴武，2011. 临床检验质量管理. 郑州：郑州大学出版社.

黄国亮，夏永静，高上凯，等，2014. 生物医学检测技术与临床检验. 北京：清华大学出版社.

黄山，许健，邓小林，2009. 医学实验室全面质量管理理论与实践. 贵阳：贵州科技出版社.

李似娇，2014. 现代色谱分析. 北京：国防工业出版社.

李松山，李高申，程方荣，等，2015. 医药物理学. 北京：中国科学技术出版社.

李天星，陈建明，薄晓允，等，2014. 现代临床医学免疫学检验技术. 北京：军事医学科学出版社.

李祖江，1997. 医用检验仪器原理使用与维修. 北京：人民卫生出版社.

刘凤军，1997. 医用检验仪器原理、构造与维修. 北京：中国医药科技出版社.

刘浩，2013. 定量 PCR 仪控制与检测系统研究. 浙江大学硕士学位论文.

刘娟容，2011. 实时 PCR 仪荧光信号监测系统的研究. 浙江大学硕士学位论文.

刘琳琳，王华忠，吴杰红，等，2007. 高灵敏度唾液葡萄糖试纸条的实验研究. 重庆医学，36（20）：2082-2083.

刘锡光，方成，刘忠，等，2006. POCT 基本理论和临床医学实践. 北京：中国医药科技出版社.

吕世静，李会强，2015. 临床免疫学检验. 北京：中国医药科技出版社.

马显光，蒲晓允，陈仕国，等，2004. 无创血糖仪的研制. 生物医学工程学杂志，21（3）：473-475.

孟繁平，李付广，王辉，2004. 临床免疫学基础. 郑州：郑州大学出版社.

任艺，2009. 微流控 PCR 芯片数值模拟与荧光检测微器件及实验装置研究. 北京工业大学硕士学位论文.

史敏，王贵娟，2013. 医学检验专业知识（2013 最新版医疗卫生系统公开招聘工作人员考试核心考点）. 北京：世界图书北京
  出版公司.

宋庆璋，姜捷，张建春，2008. 检验医学在临床医学应用中的最近进展. 赤峰：内蒙古科学技术出版社.

汪川，2016. 分子生物学检验技术. 成都：四川大学出版社.

汪慧英，杨旭燕，2015. 临床免疫学进展. 杭州：浙江大学出版社.

王东生，2010. 血站实验室质量管理规范. 北京：中国医药科技出版社.

王鸿利，丛玉隆，王建祥，2013. 临床血液实验学. 上海：上海科学技术出版社.

王鸿儒，1997. 血液流变学. 北京：北京医科大学中国协和医科大学联合出版社.

王平，刘清君，陈星，2016. 生物医学传感与检测. 4 版. 杭州：浙江大学出版社.

吴阿阳，蒋斌，孙若东，2013. 临床实验室管理. 武汉：华中科技大学出版社.

伍择希，2012. 基于 MEMS 工艺的 PCR 微流控系统的研制. 上海交通大学硕士学位论文.

须建，张柏梁，2012. 医学检验仪器与应用. 武汉：华中科技大学出版社.

徐克前，李艳，2014. 临床生物化学检验. 武汉：华中科技大学出版社.

续薇，2015. 医学检验与质量管理. 北京：人民军医出版社.

杨婉荣，2014. PCR 仪温度控制系统的研究与设计. 西安工业大学硕士学位论文.

姚英豪，2011. 定量 PCR 仪荧光检测系统研究. 浙江大学硕士学位论文.

于媛美，2013. PCR 仪温度控制系统的研究与设计. 西安工业大学硕士学位论文.

赵仁宏，刘贵勤，安郁宽，2010. 医用物理学. 济南：山东人民出版社.

曾照芳，洪秀华，2007. 临床检验仪器习题集. 北京：人民卫生出版社.

曾照芳，余蓉，2013. 医学检验仪器学. 武汉：华中科技大学出版社.

郑文芝，徐群芳，秦洁，2016. 临床检验基础. 武汉：华中科技大学出版社.

朱根娣，2008. 现代检验医学仪器分析技术及应用. 2 版. 上海：上海科学技术文献出版社.

邹爱民，2013. 医院管理常规. 西安：三秦出版社.

邹雄，李莉，2015. 临床检验仪器. 北京：中国医药科技出版社.

（美）密特拉著，2015. 分析化学中的样品制备技术. 北京：中国人民公安大学出版社.

Yihao Chen, Siyuan Lu, Shasha Zhang et al. Skin-like biosensor system via electrochemical channels for noninvasive blood glucose
  monitoring. Science Advances，2017，3（12）：e1701629.

# 附　录

## 附录一　医用检验仪器常用的性能指标

任何一台医用检验仪器都可以看成是一个信息传输通道系统，理想的检验仪器应该能确保被检测信号不失真地流通。了解检验仪器的基本性能指标是必要的，各种检验仪器的性能指标不完全相同，但一台优良的检验仪器应至少具有以下几个性能指标：灵敏度、精度高；噪声、误差小；分辨率、重复性好；响应迅速；线性范围宽和稳定性好等。

**1. 灵敏度**　灵敏度（sensitivity）是指检验仪器在稳态下输出量变化与输入量变化之比，即检验仪器对单位浓度或质量的被检物质通过检测器时所产生的响应信号值变化大小的反应能力，它反映了仪器能够检测的最小被测量。稳态（被检测量 $X$ 不随时间变化，即 $\mathrm{d}X/\mathrm{d}t = 0$）下检验仪器输出量变化 $\Delta Y$ 与输入量变化 $\Delta X$ 之比称为检验仪器的灵敏度，即

$$S = \lim \frac{\Delta Y}{\Delta X} = \frac{\mathrm{d}Y}{\mathrm{d}X} \tag{1}$$

显然，当灵敏度为定值时，检验仪器系统为线性。一般地，系统灵敏度的提高，容易引起噪声和外界干扰，影响检测的稳定性而使读数不可靠。

**2. 误差**　当对某物理量进行检测时，所测得的数值与真值之间的差异称为误差（error），误差的大小反映了测量值对真值的偏离程度，当多次重复检测同一参数时，各次的测定值并不相同，这是误差不确定性的反映。真值是一个量所具有的真实数值，由于真值通常是未知的，所以真误差也是未知的。真值是一个理想概念，实际工作中通常用实际值来替代真值，实际值是根据测量误差的要求，用更高一级的标准器具测量所得之值。

误差通常有两种表示方法，一是绝对误差（absolute error）；二是相对误差（relative error）。绝对误差是测得值 $X$ 与被检测量真值 $\bar{X}_0$ 之差，绝对误差具有量纲。绝对误差能反映误差的大小和方向，但不能反映检测的准确程度，若绝对误差用 $\Delta$ 表示，则

$$\Delta = X - \bar{X}_0 \tag{2}$$

相对误差是绝对误差 $\Delta$ 与被测量真值 $\bar{X}$ 之比，相对误差只有大小和符号，无量纲，但它能反映检测工作的精细程度，若相对误差用 $\delta$ 表示，则

$$\delta = \frac{\Delta}{\bar{X}_0} \tag{3}$$

误差按性质可分为系统误差、随机误差、过失误差。

系统误差是指在确定的测试条件下，误差的数值（大小和符号）保持恒定或在条件改变时按一定规律变化的误差，也称确定性误差。系统误差的大小和方向在检测过程中保持不变或按某种规律变化，可以预测并可进行调节和修正。系统误差通常用来表示检测的正确度，系统误差越小，则正确度越高。

随机误差是指在相同测试条件下多次测量同一量值时，绝对值和符号都以不可预知的方式变化的误差，也叫偶然误差。随机误差是由一些独立因素的微量变化的综合影响造成

的，大多随机误差服从正态分布。随机误差反映了检验结果的精密度，随机误差越小，精密度越高。

系统误差和随机误差的综合影响决定测量结果的准确度，准确度越高，表示正确度和精密度越高，即系统误差和随机误差越小。

过失误差是指在一定的测量条件下，由于疏忽或错误造成的测量值明显偏离实际值的误差。过失误差也称为坏值，应予以剔除。

**3. 噪声**　检验仪器在没有加入被检验物品（即输入为零）时，仪器输出信号的波动或变化范围即为噪声（noise）。引起噪声的原因很多，有外界干扰因素，如电网波动、周围电场和磁场的影响、环境条件（如温度、湿度、压强）的变化等，有仪器内部的因素，如仪器内部的温度变化、元器件不稳定等。噪声的表现形式有抖动、起伏或漂移三种，抖动即仪器指针以零点为中心做无规则运动；起伏即指针沿某一个中心做大的往返波动；漂移为当输入信号不变时，输出信号发生改变，此时指针沿单方向慢慢移动。噪声的几种表现均会影响检测结果的准确性，应力求避免。

**4. 最小检测量**　最小检测量（minimum detectable quantity）是指检测仪器能确切反映的最小物质含量，最小检测量也可以用含量所转换的物理量表示，若含量转换成电阻的变化，此时最小检测量就可以说成是能确切反映的最小电阻量的变化量。

仪表的灵敏度越大，在同样的噪声水平时其最小检测量越小，同一台仪器对不同物质的灵敏度不尽相同，因此同一台仪器对不同物质的最小检测量也不一样，在比较仪器的性能时，必须取相同的样品。

**5. 精度**　精度（accuracy）是对检测可靠度或检测结果可靠度的一种评价，是指检测值偏离真值的程度。精度是一个定性的概念，其高度是用误差来衡量的，误差大则精度低，误差小则精度高，检测仪器的精度是客观存在的，表现于误差之中。通常把精度区分为准确度、精密度和精确度，准确度是指检测仪器实际测量对理想测量的符合程度，是仪器系统误差大小的反映，是评价检验仪器精度的最基本的参数；精密度是指在一定的条件下，进行多次检测时，所得检测结果彼此之间的符合程度，反映检测结果对被检测量的分辨灵敏度，由检测量误差的分布区间大小来评价，是检测结果中随机误差分散程度大小的反映；精确度表示检测结果与被检测量的真值的接近程度，是检测结果中系统误差与随机误差的综合反映。

准确度和精密度是检测仪器两个不同的精度指标，前者表示检验仪器的实际检测曲线偏离理想检测曲线的程度，后者则表示检验仪器实际检测曲线对其平均值的分散程度，即工作的可靠程度。任何检验仪器必须有足够的精密度，因为首先要保证检验仪器工作可靠，而通过调整或加入修正量可以改善其准确度，准确度和精密度构成检验仪器的精确度。检验仪器的精确度常用精确度等级来表示，如 0.1 级、0.2 级、0.5 级、1.0 级、1.5 级等，0.1 级表示检验仪器总的误差不超过 ± 0.1%，精确度等级越小，说明检验仪器的系统误差和随机误差都小，也就是这种检验仪器越精密。

**6. 可靠性**　可靠性（reliability）是指检验仪器在规定的时期内并在保持其运行指标不超限的情况下执行其功能的能力。可靠性是反映检验仪器是否耐用的一项综合指标，可靠性指标有如下几种。

（1）平均无故障时间（mean time between failure，MTBF）：在标准工作条件下不间断地工作，直到发生故障而失去工作能力的时间称为无故障时间。如果取若干次（或若干台仪器）无故障时间求其平均值，则为平均无故障时间，它表示相邻两次故障间隔时间的平均值。

（2）故障率或失效率：平均无故障时间的倒数，某检验仪器的失效率为 0.03%kh，就是说若有一万台检验仪器工作 1000h 后，在这段时间里只可能有 3 台会出现故障。

（3）可信任概率（$P$）：由于元件参数的渐变而使检验仪器仪表误差在给定时间内仍然保持在技术条件规定限度以内的概率。显然，概率 $P$ 值越大，检验仪器的可靠性越高，检验仪器的成本也越高。

**7. 重复性**　重复性（repeatability）是指在同一检测方法和检测条件（检验仪器、检验者、环境条件）下，在一个不太长的时间间隔内，连续多次检测同一参数所得到的数据的分散程度。重复性与精密度密切相关，重复性反映一台检验仪器固有误差的精密度，对于某一参数的检测结果，若重复性好，则表示该检验仪器的精度稳定。显然，重复性应该在精度范围内，即用来确定精度的误差必然包括重复性的误差。

**8. 分辨率**　分辨率（resolution）是检验仪器能感觉、识别或探测的输入量（或能产生并响应的输出量）的最小值。例如，光学系统的分辨率就是光学系统可以分清的两物点间的最小间距。分辨率是检验仪器的一个重要技术指标，它与精密度紧密相关，要提高检验仪器的检测精密度，必须相应地提高其分辨率。

**9. 测量范围和示值范围**　测量范围（measuring range）是指在允许范围极限内检验仪器所能测出的被检测值的范围，检验仪器指示的被检测量值为示值，由检验仪器所显示或指示的最小值到最大值的范围称为示值范围（range of indicating value）。示值范围也就是检验仪器的量程，量程大则检验仪器的检测性能好。

**10. 线性范围**　线性范围（linear range）是指输入与输出成正比的范围，在此范围内，灵敏度保持定值，线性范围越宽，则其量程越大，并且能保证一定的测量精度。

一台仪器的线性范围，主要由其应用的原理决定。检验仪器中大部分应用的原理都是非线性的，其线性范围也是相对的。

**11. 响应时间**　响应时间（response time）表示从被检测量发生变化到检验仪器给出正确示值所经历的时间。一般来说，响应时间越短越好，如果检测量是液体，则它与被测溶液离子到达电极表面的速率、被测溶液离子的浓度、介质的离子强度等因素有关。如果作为自动控制信号源，则响应时间这个性能就显得特别重要，因为检验仪器反应越快，控制才能越及时。

响应时间有两种表示方法：一是检验仪器反映出到达变动量的 63% 时所经历的时间，又称为时间常数；二是检验仪器反映出到达指示值 90% 所经历的时间。

例如，假定被检测量从 40% 变到 45%，则响应时间从检测初始量开始变化时计时。

按第一种方法计算，响应时间为从指示值 40% 到达 40%+（45%–40%）×63%（即43.15%）时所经历的时间。

按第二种方法计算，响应时间为指示值到达 40%+（45%–40%）×90%（即 44.5%）时所经历的时间。

目前，检测仪器多采用后一种计算方法。

**12. 频率响应范围**　频率响应范围（range of frequency response）是为了获得足够精度的输出响应，检验仪器所允许的输入信号的频率范围，频率响应特性决定了被检测量的频率范围，频率响应高，被检测的物质频率范围就宽。

# 附录二　工作曲线法和标准加入法

## 一、工作曲线法

工作曲线法，有时也称为标准曲线法。在一定条件下，标准曲线是一条直线，直线的斜率和截距可以用最小二乘法求得。很多的检验仪器都能自动生成工作曲线。工作曲线可以用一元线性方程来表示：

$$y = a + bx \tag{1}$$

使用最小二乘法确定的直线称为拟合直线或回归线，$a$ 和 $b$ 称为回归系数。$b$ 为直线的斜率，可由如下求得：

$$b = \frac{\sum_{i=1}^{n}(x_i - \bar{x})(y_i - \bar{y})}{\sum_{i=1}^{n}(x_i - \bar{x})^2} \tag{2}$$

式中，$\bar{x}$，$\bar{y}$ 分别为 $x$ 和 $y$ 的平均值。

$a$ 为直线的截距，可由下式求得：

$$a = \frac{\sum_{i=1}^{n} y_i - b\sum_{i=1}^{n} x_i}{n} = \bar{y} - b\bar{x} \tag{3}$$

可以用自相关系数来表示线性关系的好坏。相关系数 $r$ 的定义为

$$r = b\sqrt{\frac{\sum_{i=1}^{n}(x - \bar{x})^2}{\sum_{i=1}^{n}(y_i - \bar{y})^2}} = \frac{\sum_{i=1}^{n}(x_i - \bar{x})(y_i - \bar{y})}{\sqrt{\sum_{i=1}^{n}(x_i - \bar{x})^2 \sum_{i=1}^{n}(y_i - \bar{y})^2}} \tag{4}$$

相关系数越接近 1，线性关系越好。

**1. 工作曲线法在尿比重分析中的应用**　在《现代检验医学仪器分析技术及应用》第 97 页提到，尿比重的测定原理是从发光二极管发出的光，透过狭缝，经过透镜照射到盛有尿液样品的三角棱镜后，光线发生折射，检测器根据光的折射指数，即可得出尿比重，如附图 1 所示。

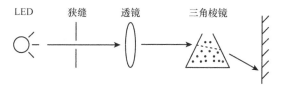

LED　　狭缝　　透镜　　三角棱镜

附图 1　尿比重测定原理

其计算公式为

$$SG_X = (SG_H - SG_L) \times (K_X - K_L) / (K_H - K_L) + SG_L \tag{5}$$

式中，$SG_X$ 为测定样品的比重；$SG_H$ 为高浓度校准液的比重；$SG_L$ 为低浓度校准液的比重；$K_H$ 为高浓度校准液的位置系数；$K_L$ 为低浓度校准液的位置系数；$K_X$ 为测定样品液的位置系数。

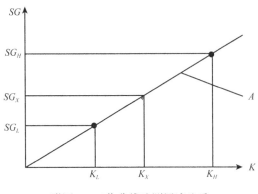

附图 2　工作曲线法测尿液比重

可以采用公式（1）～公式（4）的方法计算。也可以这么理解：用上述装置，对比重已知的高、低浓度（比重分别为 $SG_H$ 和 $SG_L$）两种校准液分别测定一次，得到相应的位置系数 $K_H$ 和 $K_L$。利用这两点，可获得工作曲线 A。对于未知比重的尿液 $SG_X$，同样可以获得其位置系数 $K_X$，如附图 2 所示。

则在 $SG$-$K$ 的关系曲线 A 中，有

$$\frac{SG_H - SG_L}{K_H - K_L} = \frac{SG_X - SG_L}{K_X - K_L} \qquad （6）$$

$$SG_X = (SG_H - SG_L) \times (K_X - K_L) / (K_H - K_L) + SG_L \qquad （7）$$

**2. 工作曲线法在血气分析中的应用**　在《现代检验医学仪器分析技术及应用》第 112 页提到了工作曲线法。以下面的例子来说明工作曲线法在血气分析中测定 pH 的用法。

用 $pH_1$ = 7.398 的定标液 1 作用于 pH 电极，获得指示电极和参考电极之间的电位差 $E_1$ = −100mV；再用 $pH_2$ = 6.802 的定标液 2 作用于 pH 电极，获得指示电极和参考电极之间的电位差 $E_2$ = −64mV；将这两点绘制于图。用同样方法，测定未知血液的 $pH_x$，假定其指示电极与参考电极之间的电位差 $E_x$ = −97mV，如附图 3 所示。

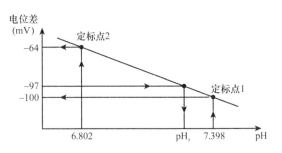

附图 3　工作曲线法测 pH

则在该标定工作曲线下有

$$\frac{E_2 - E_1}{pH_2 - pH_1} = \frac{E_2 - E_x}{pH_2 - pH_x} \qquad （8）$$

由此，可得此未知血液的 $pH_x$ = 7.348。

同理，工作曲线法也适用于血气中氧气分压、二氧化碳分压和钾、钠、氯等电解质的测定。

## 二、标准加入法

如果样品的组成复杂，含量较低，或者很难配制组成相似的标准溶液，则可以使用标准加入法进行定量分析。

取两份相同量的被测样品，在一份中加入标准溶液，定容至相同的体积。用 $C_x$ 和 $C_s$ 分别表示待测样品和所加入标准溶液的浓度，$C_x$+$C_s$ 为加入标准溶液后的总浓度。$A_x$ 和 $A_s$ 分别表示待测样品和加入标准溶液后的吸光度值。根据朗伯-比尔定律：

$$A_x = KC_x \qquad （9）$$

$$A_s = K(C_x + C_s) \qquad （10）$$

可以得到

$$C_x = \frac{A_s}{A_s - A_x} \times C_s \qquad （11）$$

实际工作中也常采用作图法确定被测样品的浓度。取几份相同的被测样品，由小到大依次加入不同量的标准溶液，其中1份不加，定容至相同的体积，置仪器上分别测定其吸光度值。以吸光度对加入标准溶液的浓度作图，如附图4所示。在该图中，延长标准曲线与横轴相交，则该交点与原点间的距离即为待测样品的浓度 $C_x$。

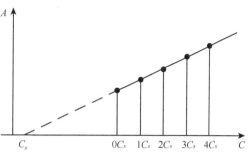

附图4　标准加入法

应用标准加入法时应注意以下几点。

（1）至少应采用5个坐标点（包括 $C_x$）制作标准工作曲线后才能外推。所加入的标准溶液的浓度应大致和样品浓度相当，过高的加入量容易超出线性范围，而过低的加入量会使外推结果误差变大。

（2）测量应在标准曲线的线性范围内测定。

（3）标准加入法仅能消除基体干扰和一些化学干扰，并不能消除背景吸收干扰。因为相同的信号既会加到待测样品的吸光度值上，也会加到加入标准溶液后的吸光度上，所以只有扣除了背景之后才能得到被测样品的真实浓度，否则测定结果偏高。

下面介绍标准加入法在离子选择性电极中的应用。

取一定体积的待测溶液，插入离子选择性电极和参比电极，测量其电位 $E_1$，于其中加入浓度比待测溶液大数十倍以上而体积比待测溶液小数十倍以上的标准溶液，再测量电位，根据下面的公式，即可求出待测溶液中离子浓度。

如待测溶液的体积为 $V_x$ 毫升，浓度为 $C_x$，测得电位为 $E_1$，则可得

$$E_1 = E_0 + \frac{2.303RT}{nF} \lg C_x \tag{12}$$

当在 $V_x$ 毫升待测溶液中，加入浓度为 $C_s$ 的标准溶液 $V_s$ 毫升，混匀后测定电位值为 $E_2$，则

$$E_2 = E_0 + \frac{2.303RT}{nF} \lg \left( C_x + \frac{C_s V_s}{V_s + V_x} \right) \tag{13}$$

$\dfrac{C_s V_s}{V_s + V_x}$ 为标准溶液加入后测得离子浓度的增加量，可根据 $C_s$、$V_s$、$V_x$ 三个已知值计算出来，用 $\Delta C$ 表示，又由于两次测量时在同一体系中进行，所以 $E_0$ 和液接电位（在两种不同离子或两种离子相同而浓度不同的溶液界面上所产生的微小电位差）以及溶液中的活度系统基本一致。两次测量电位差值 $\Delta E$ 可表示为

$$\Delta E = E_2 - E_1 = \frac{2.303RT}{nF} \lg \left( \frac{C_x + \Delta C}{C_x} \right) \tag{14}$$

其中 $\dfrac{2.303RT}{nF}$ 用实测 $S$ 值（标准曲线斜率）来代替，并将上式移项得

$$\frac{\Delta E}{S} = \lg \left( \frac{C_x + \Delta C}{C_x} \right) \tag{15}$$

取反对数后得

$$\text{anti} \lg \frac{\Delta E}{S} = \frac{C_x + \Delta C}{C_x} = 1 + \frac{\Delta C}{C_x} \tag{16}$$

故

$$C_x = \frac{\Delta C}{\text{anti} \lg \dfrac{\Delta E}{S} - 1} \tag{17}$$

本法的优点是，虽然电极反映出来的是游离离子活度关系，但计算出的却是离子总浓度，电极无须校正，也不必加离子强度调节剂。

# 附录三　泊肃叶定律测定液体黏度公式推导

毛细管法是最初的血液黏度测定方法，其理论依据是泊肃叶（Poiseuille）定律：流量与管道两端的压力差、管道半径成正比，并与管道长度和流体黏度成反比。下面是该定律的推导过程。

当液体以层流形式在管道中流动时，可以看作是一系列不同半径的同心圆筒以不同速度向前移动。越靠中心的流层速度越快，越靠管壁的流层速度越慢，如附图 5 所示。取面积为 $A$，相距为 $dr$，相对速度为 $dv$ 的相邻液层进行分析，见附图 6。

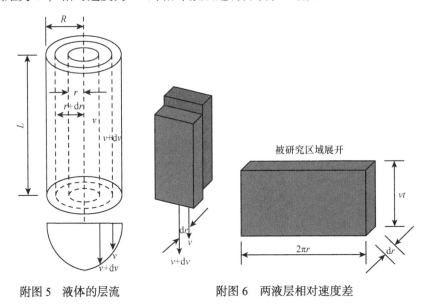

附图 5　液体的层流　　　　　附图 6　两液层相对速度差

由于两液层速度不同，液层之间表现出内摩擦现象，慢层以一定的阻力拖着快层。显然内摩擦力与两液层接触面积 $A$ 成正比，也与两液层间的速度梯度成正比，即

$$f = \eta A \cdot \frac{dv}{dr} \tag{1}$$

式中，比例系数 $\eta$ 称为黏度系数（或黏度）。可见，液体的黏度是液体内摩擦力的量度。在国际单位制中，黏度的单位为 $N \cdot m^{-2} \cdot s$，即 $Pa \cdot s$（帕·秒），但习惯上常用 P（泊）或 cP（厘泊）来表示两者的关系，即 $1cP = 10^{-1} Pa \cdot s$。

黏度的测定可在毛细管（奥氏）黏度计中进行（附图 7）。设有液体在一定的压力差 $p$ 推动下以层流的形式流过半径 $R$，长度为 $L$ 的毛细管。如附图 8 所示，对于其中半径为 $r$ 的圆柱形液体，促使流动的推动力 $F = \pi r^2 p$，它与相邻的外层液体之间的内摩擦力为

$$f = \eta A \cdot \frac{\mathrm{d}v}{\mathrm{d}r} = 2\pi r L \eta \frac{\mathrm{d}v}{\mathrm{d}r} \qquad (2)$$

所以当液体稳定流动时，即

$$F + f = 0 \qquad (3)$$

$$\pi r^2 p + 2\pi r L \eta \frac{\mathrm{d}v}{\mathrm{d}r} = 0 \qquad (4)$$

在管壁处即 $r{=}R$ 时，$v{=}0$，对上式积分

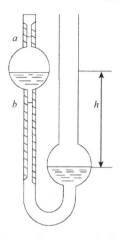

附图 7　奥氏（Ostwald）黏度计

$$\int_0^v \mathrm{d}v = -\frac{p}{2\eta L}\int_R^r r\mathrm{d}r \qquad (5)$$

$$v = \frac{p}{4\eta L}(R^2 - r^2) \qquad (6)$$

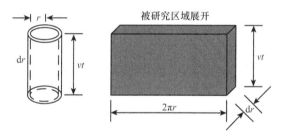

附图 8　被研究区域展开情况

对于厚度为 $\mathrm{d}r$ 的圆筒形流层，$t$ 时间内流过液体的体积为 $2\pi r v t \mathrm{d}r$，所以 $t$ 时间内流过这一段毛细管的液体总体积为

$$V = \int_0^R 2\pi r v t \mathrm{d}r = \frac{\pi R^4 p t}{8\eta L} \qquad (7)$$

由此可得

$$\eta = \frac{\pi R^4 p t}{8 V L} \qquad (8)$$

流过任一横截面的流量（体积/单位时间）$Q$ 为

$$Q = \frac{V}{t} = \frac{\pi R^4 p}{8\eta L} \qquad (9)$$

上式称为泊肃叶公式，由于式中 $R$、$p$ 等数值不易测准，所以 $\eta$ 值一般用相对法求得，其方法如下。

取相同体积的两种液体[被测液体 "$b$"（血液 blood）；参考液体 "$w$"（水 water）]，在本身重力作用下，分别流过同一支毛细管黏度计，如附图 7 所示的奥氏（Ostwald）黏度计。若测得流过相同体积 $V_{a-b}$ 所需的时间为 $t_b$ 与 $t_w$，则

$$\eta_b = \frac{\pi R^4 p_b t_b}{8 L V_{a-b}} \qquad (10)$$

$$\eta_w = \frac{\pi R^4 p_w t_w}{8 L V_{a-b}} \qquad (11)$$

由于 $p = \rho g h$（$h$ 为液柱高度，$\rho$ 为液体密度，$g$ 为重力加速度），若用同一支黏度计，根据式（5）可得

$$\frac{\eta_b}{\eta_w} = \frac{\rho_b t_b}{\rho_w t_w} \qquad (12)$$

若已知某温度下参比液体的黏度为 $\eta_w$，并测得 $t_b$、$t_w$、$\rho_b$、$\rho_w$，即可求得该温度下的 $\eta_b$。

# 附录四　共轴圆筒旋转黏度计公式推导

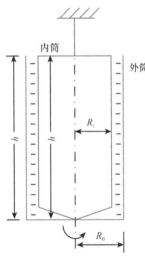

附图 9　共轴圆筒旋转黏度计

共轴圆筒旋转黏度计（又称 Couette 黏度计），它由两个间距很小的共轴圆筒组成。可以是内筒固定，外筒旋转；也可以是外筒固定，内筒旋转，被测流体试样充满在两筒间隙之中。如果内筒悬挂，外筒以恒定角速度 $\Omega$ 旋转，则由于流体的黏性而有力矩 $T$ 作用于内筒（附图 9）。由于筒间间隙很小，切变率的差异极小，流体的速度可看作呈线性分布，其流动为定常层流。

可以导出流体的表观黏度

$$\eta_a = \frac{(R_0^2 - R_i^2)T}{4\pi h \Omega R_i^2 R_0^2} \qquad (1)$$

通过测量 $\Omega$ 和 $T$ 的数值，可由此式计算出流体的表观黏度 $\eta_a$。

由以上可知，旋转型黏度计能在不同角速度下提供不同的切变率，在被测流体所充满的间隙中，各部分的切变率基本一致，这就避免了毛细管黏度计的缺点。此外，这些仪器能够精确地提供低切变率。因此血液的非牛顿性在低切变率下才能充分表现出来，这些仪器是研究血液流变性质的有力武器。

设内筒以一定角速度 $\Omega$ 旋转，任意半径 $r$ 处的流速为 $v$，则

$v = r\Omega$，得速度梯度为

$$\frac{\mathrm{d}v}{\mathrm{d}r} = r\frac{\mathrm{d}\Omega}{\mathrm{d}r} + \Omega \qquad (2)$$

这里，$\Omega$ 是不产生黏性阻力的，因此仅第一项成为产生黏性阻力的剪切速率。

在半径为 $r$ 与 $r+\mathrm{d}r$ 的两圆筒形液层之间的剪切应力为

$$\tau = \frac{F}{S} = \frac{M/r}{2\pi r \cdot h} = \frac{M}{2\pi r^2 h} \qquad (3)$$

式中，$F$ 为黏性力；$S$ 为半径为液层柱面半径 $r$ 的表面积；$M$ 为黏性力矩；$h$ 为筒的高度。

从牛顿定律 $\eta = \dfrac{\tau}{\dot{\gamma}}$ 得

$$\eta = \frac{\dfrac{M}{2\pi r^2 h}}{r\dfrac{\mathrm{d}\Omega}{\mathrm{d}r}} \qquad (4)$$

$$\mathrm{d}\Omega = \frac{M}{2\pi h\eta} r^{-3} \mathrm{d}r，这里 M = T \qquad (5)$$

两边积分，

$$\Omega = \frac{M}{2\pi h\eta} r^{-2} \left(\frac{1}{-2}\right)\Big|_{R_i}^{R_0} \qquad (6)$$

$$= \frac{M}{4\pi h\eta} \cdot \left(\frac{1}{R_i^2} - \frac{1}{R_0^2}\right) \qquad (7)$$

所以，

$$\eta = \frac{M \cdot \left(R_0^2 - R_i^2\right)}{4h\Omega \cdot R_0^2 R_i^2} \qquad (8)$$

当 $R_0 ? R_i$ 时，

$$\eta = \frac{M}{4\pi h\Omega \cdot R_i^2} \qquad (9)$$

通过改变角速度 $\Omega$，就可以分别得到全血的高、中、低切黏度。

# 附录五　锥-板黏度计公式推导

锥-板黏度计（又称 Weissenberg 流变仪），其推导过程如下。

如附图 10 所示，锥面与平板的半径都是 $R$，两者之间夹角为 $\theta$，一般小于 4°。被测液体充满在锥面与板面之间的狭窄间隙中，旋转的平板通过该液体作用于锥体而产生扭矩 $T$。

在板面以一定的角速度 $\omega$ 旋转时，距旋转曲线为 $r$ 处与板面相接触的流体以 $r\omega$ 的速度移动，该处流体的厚度 $h$ 为

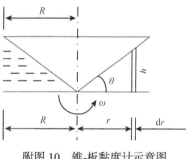

附图 10　锥-板黏度计示意图

$$h = r\mathrm{tg}\theta \approx r\theta \qquad (1)$$

因此该处的切变率为

$$\dot{\gamma} = \frac{r\omega}{h} \approx \frac{\omega}{\theta}（条件是 \theta 很小，\theta = \mathrm{tg}\theta） \qquad (2)$$

即切变率与 $r$ 无关，在板面上任何部位的切变率均相同。

在距旋转轴线为 $r$ 和 $r+\mathrm{d}r$ 之间圆筒部分的流体作用于圆锥上的黏滞扭矩

$$\mathrm{d}T = \eta\dot{\gamma} \cdot 2\pi r \cdot \mathrm{d}r \cdot r = \frac{2\pi\eta\omega}{\theta} r^2 \mathrm{d}r \qquad (3)$$

积分后得出扭矩

$$T = \frac{2\pi\eta\omega}{3\theta}R^3 \quad\quad (4)$$

所以，

$$\eta = \frac{3\theta T}{2\pi\omega R^3} \quad\quad (5)$$

上式表明，测出角速度 $\omega$ 和扭矩 $T$，就可以得出流体的黏度。

这种方法安装比较简单，试样用量少，板上任何部位切变率一致。因此，如果连续变化角速度就可以测出试样的流动曲线，临床检验中多用于测定血液黏度。通过改变角速度 $\omega$，就可以分别得到全血的高、中、低切黏度。

# 附录六　积分球工作原理

**1. 视见率**　视见率（vision rate）又称"视见函数"，是指人眼对不同波长的光的视觉灵敏度。实验表明：正常视力的观察者，在明视觉时对波长 550nm 的黄绿色光最敏感；暗视觉时，对 507nm 的光最为敏感；而对紫外光和红外光，则无视力感觉。人眼对波长为 555nm 的黄绿光的视见率为最大，取为 1；对其他波长的可见光的视见率均小于 1；对红外光和紫外光的视见率为 0。某波长的光的视见率与波长为 555nm 的黄绿光的视见率之比称为该波长的相对视见率（relative vision rate）。

**2. 光通量**　光通量（luminous flux）是指人眼所能感觉到的辐射能量，它等于单位时间内某一波段的辐射能量和该波段的相对视见率的乘积。由于人眼对不同波长光的相对视见率不同，所以不同波长光的辐射功率相等时，其光通量并不相等。

例如，当波长为 555nm 的绿光与波长为 65nm 的红光辐射功率相等时，前者的光通量为后者的 10 倍。

光通量的单位为"流明"，符号为 lm。光通量通常用 $\Phi$ 表示，在理论上其功率可用瓦特来度量。光通量是单位时间到达、离开或通过曲面的光能数量。如果把光作为穿越空间的粒子（光子），那么到达曲面的光束的光通量与 1 秒时间间隔内撞击曲面的粒子数成一定比例。

**3. 光照度**　可用照度计直接测量。光照度的单位是勒克斯，是英文 Lux 的音译，也可写为 lx。被光均匀照射的物体，在 1 平方米面积上得到的光通量是 1 流明时，它的光照度就是 1 勒克斯，即光照度是指投射在单位面积上的光通量。

**4. 工作原理**

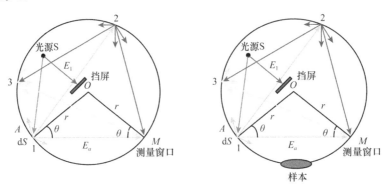

附图 11　积分球测光通量原理图

在理想条件下，设球的半径为 $r$，球内壁各点漫反射是均匀的，服从朗伯定律，漫反射比为 $\rho$（也就是积分球内壁反射率）。如附图 11 所示，光源位于球内任何位置，光源的总光通量为 $\Phi$。设在 $A$ 点处面积元 $dS$ 上产生的直射光照度为 $E_a$。由于球内壁为均匀漫反射表面，因此，$dS$ 面上的光出射度为

$$M = \rho E_a \tag{1}$$

根据朗伯定律的特性，有

$$M = \pi L = \rho E_a \tag{2}$$

$L$ 为光亮度。所以，$dS$ 面的光亮度为

$$L = \frac{\rho}{\pi} E_a \tag{3}$$

由 $A$ 点处面积元 $dS$ 经一次漫反射在 $M$ 点产生二次照度 $dE_2$，

$$dE_2 = \frac{L}{(AM)^2} \cos^2 \theta dS \tag{4}$$

由附图 11 可知，$\frac{1}{2} AM = r\cos\theta$，所以 $AM = 2r\cos\theta$，代入上式得

$$dE_2 = \frac{L}{4r^2 \cos^2 \theta} \cos^2 \theta dS = \frac{L}{4r^2} dS \tag{5}$$

由上式可知，$dS$ 面上的漫反射光在球内壁任一点处产生的光照度均为 $LdS/4r^2$，而与该点位置无关。将 $L = \frac{\rho}{\pi} E_a$ 代入上式得

$$dE_2 = \frac{\rho}{4\pi r^2} E_a dS \tag{6}$$

除 $M$ 点外，球内所有点的一次漫反射在 $M$ 点产生的全部光照度为

$$E_2 = \int_S dE_2 = \frac{\rho}{4\pi r^2} \int_S E_a dS = \frac{\rho}{4\pi r^2} \Phi \tag{7}$$

$\Phi = \int_S E_a dS$ 为光源 $S$ 直接照射到球面上的总光通量。

同理，由二、三、四、…次漫反射光在球壁 $M$ 点建立的光照度依次为

$$dE_3 = \frac{\rho E_2}{4\pi r^2} dS \tag{8}$$

$$E_3 = \frac{\rho E_2}{4\pi r^2} \int_S dS = \rho E_2 \tag{9}$$

相应地，

$$E_4 = \rho E_3 = \rho^2 E_2$$
$$E_5 = \rho E_4 = \rho^3 E_2$$
$$\cdots\cdots$$

因此，球内壁上任一点 $M$ 的光照度总和为

$$E = E_1 + E_2 + E_3 + E_4 + \mathrm{L}$$
$$E = E_1 + E_2(1 + \rho + \rho^2 + \rho^3 + \mathrm{L})$$
$$E = E_1 + \frac{1}{1-\rho} E_2 = E_1 + \frac{1}{1-\rho} \cdot \frac{\Phi}{4\pi r^2} \tag{10}$$

$$E = E_1 + E_\rho \tag{11}$$

如在光源 S 和 $M$ 点间放一挡屏，将直射光 $E_1$ 挡掉，则 $E = E_\rho$ ，$E_\rho$ 称为漫反射照度。由 $E_\rho$ 和 $\Phi$ 的关系式，可知

$$\Phi = \frac{1-\rho}{\rho} 4\pi r^2 E_\rho \tag{12}$$

该式表明，光源总光通量 $\Phi$ 与漫反射照度 $E_\rho$ 成正比。如有一光通量 $\Phi_S$ 已知的标准光源，其 $E_{\rho S}$ 可测得，在待测光源的 $E_{\rho S}$ 测得后，即可用相对比较法测量待测光源的总光通量。

这就是利用积分球测量总光通量的基本原理。

若有样本时，测量窗口 $M$ 处的漫反射照度为 $E_\rho'$ ，则待测样本的量与 $E_\rho - E_\rho'$ 成正比。减少量正是由于被样本吸收了，如附图 12 所示。

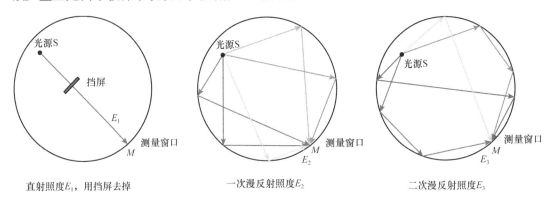

附图 12　直射照度和反射照度